사랑으로 한땀한땀
손바느질 천연 아기옷

ORGANIC COTTON GAUZE WAFFLE DE TSUKURU
BABY NO TAME NO TENUIFUKU TO KOMONO

ⓒSHUFU-TO-SEIKATSUSHA CO., LTD. 2005

Originally published in Japan in 2005 by SHUFU-TO-SEIKATSUSHA CO., LTD.
Korean translation rights arranged through TOHAN CORPORATION, TOKYO.,
and YU RI JANG AGENCY, SEOUL.

사랑으로 한땀한땀

손바느질 천연아기옷

초판 1쇄 인쇄 2012년 2월 13일
초판 1쇄 발행 2012년 2월 20일

지은이 주부와생활사
옮긴이 김옥영

발행인 승영란·김태진

기획편집 〈2nd 키친〉 김옥영
디자인 유혜영
마케팅 함송이·강소연

찍은곳 애드샵
펴낸곳 에디터
주소 서울 마포구 공덕동 105-219 정화빌딩 3층
문의 02-753-2700, 2788
팩스 02-753-2779
등록 1991년 6월 18일 제 313-1991-74호

값 12,000원(부록 : 대형 실물 옷본 포함)

ISBN 978-89-92037-94-5 13590 .

사랑으로 한땀한땀

손바느질 천연 아기옷

0~24개월까지, 엄마의 특별한 선물

에디터
editor

Contents

간단하게 준비하는 바느질 도구

손바느질 옷과 소품을 만들 때 필요한 기본적인 도구를 3가지 과정별로 소개합니다. 이것만 준비하면 지금 당장이라도 만들 수 있습니다.

[옷본을 만들 때]

하트론지 옷본(패턴)을 만들거나 도안을 베낄 때 사용하는 얇은 종이로 트레이싱 페이퍼로도 대용 가능.

종이용 가위 가위는 반드시 종이용과 천용으로 구분해서 사용해야 한다.

재단용 문진(웨이트) 옷본을 만들거나 베낄 때, 종이나 천이 움직여서 도안이 어긋나지 않도록 눌러 주는 무거운 도구.

샤프펜슬과 색연필 천에 도안을 옮기거나 베끼기 전 색연필로 옷본 종이에 특별한 표시 등을 하면 실수를 막을 수 있다.

[천을 재단할 때]

 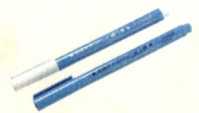  

시침핀 천에 옷본을 고정하거나 천을 이어 붙일 때 고정시키기 위해 시침핀을 사용한다.

수성펜 천에 도안이나 옷본을 그려 넣을 때 사용한다. 물기를 머금은 천으로 부드럽게 지우거나 분무기로 물을 뿜어 주면 지워진다.

방안자 옷을 만들 때는 50cm 길이의 방안자가 편리하다. 시접을 접을 때도 쓸모 있다.

재단용 가위 천을 위한 전용 가위가 있어야 재단이 편리하다.

[바느질할 때]

    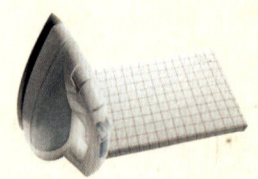

손바느질용 실 손바느질 전용 실을 사용한다. 미싱사는 꼬임 방향이 달라서 손바느질 시 좋지 않다.

손바느질용 바늘 천 두께에 따라 사용한다. 종류별로 세트로 파는 것도 있어서 갖춰 두면 자신의 손에 맞는 바늘을 찾아낼 수 있다.

시침핀과 핀쿠션 바늘이 무척 가는 시침핀을 사용해야 천에 자국이 남지 않아서 좋다. 위험하므로 핀쿠션에 끼워 두고 사용한다.

쪽가위 실 끝을 자를 때 깔끔하게 잘라 주는 것을 사용해야 바늘 귀에 실이 잘 꿰어진다.

다리미와 다리미판 재봉 후 정리를 위해 꼬박꼬박 다림질하는 것이 좋다. 다리미판에 방안 모양의 천을 씌워 두면 직각이나 직선을 체크할 수 있어 편리하다.

[작품에 따라 필요한 도구와 재료]

연필 먹지를 이용해 도안을 베낄 때 사용. 도안 위에 셀로판지를 대면 도안이 찢어지는 것을 막을 수 있다.

먹지 옷본이나 도안을 천에 베낄 때 사용. 천과 옷본 사이에 넣고 룰렛이나 연필 등으로 베긴다. 물을 스프레이하면 지워지는 타입이 편리하다.

고무줄(끈) 끼우개 고무줄이나 끈을 쉽게 빼내 주는 도구. 길고 잘 휘어서 하나쯤 마련해 두면 편리하다.

줄 스냅 단추 아기 옷에 사용하면 편리한 스냅 단추가 테이프에 붙어 있는 것. 테이프의 양끝을 바느질해 주는 것만으로도 부착 가능해서 좋다.

6

SAMPLER

아기 옷에 적합한
천연 소재 천 종류

민감한 아기들의 피부를 위해 소재는 신경 써서
골라야 합니다. 안심하고 입힐 수 있는 촉감 좋고,
기분 좋은 천연 소재의 천을 사용합시다.

a. 더블 거즈 성글게 짜여 감촉이 좋은 거즈를 2장 겹쳐서 튼
튼하게 만든 천. 옷으로 만들었을 때 촉감이 좋고 흡수성이 뛰
어나 아기 옷 만들기에 적합하다. 최근에 선보이는 더블 거즈는
다양한 색과 프린트로 종류가 풍부하다.

b. 오가닉 코튼 더블 거즈 오가닉 코튼이란 화학약품을 사용하
지 않고 자연의 순환에 따라 키우고 가공한 무농약 유기농 재배
면을 말한다. 오가닉 코튼 실로 짜낸 더블 거즈 천은 민감한 아
기 피부에 직접 닿는 옷 등에 사용하면 정말 좋은 소재이다.

c. 스무스 니트 면사로 조밀하게 짠 니트 소재로 부드러운 촉감
의 천이다. 사진은 천 위에 물방울 무늬가 프린트된 것. 아이들
에게 입히기 쉬운 신축성이 좋은 소재라 옷 만들기에 좋다.

d. 오가닉 코튼 파일 오가닉 코튼 실로 직조된 것으로 타월 천
의 표면에 고리 같은 실이 보풀보풀 나와 있는 천이다.

e. 퀼팅 천과 천 사이에 솜 등으로 심을 넣어 스티치(자수)를 한
누비 천. 포근하고 부드러우며 보온성이 있다. 봉제 인형이나
아기 신발 바닥에도 사용한다.

f. 와플 서양 과자 와플처럼 입체감이 있는 격자 무늬(모눈)로
짜인 천. 흡수성이 좋고 내추럴한 멋을 내주는 특징이 있다.

g. 코튼 실크 면과 광택이 있는 명주(견) 실로 직조된 천. 견사
가 들어 있어 부드러운 촉감과 광택이 있다. 나들이용 세레모니
드레스에 사용했다. (본문 46쪽)

h. 코튼 저지 면사로 짠 니트 소재의 천. 저지라는 것은 편물 천
의 총칭이다. 보더 무늬 니트 등에 사용하는 소재로 캐주얼한
분위기를 낸다.

i. 오가닉 코튼 코듀로이 오가닉 코튼 실로 직조된 세로 골이 있
는 천으로 광택이 있다. 튼튼하고 따뜻한 소재로 추동복을 만들
때 적당하다.

j. 오가닉 코튼 체크 오가닉 코튼 실로 짠 체크 무늬 천. 씨실과
날실의 조합 방법에 따라 다양한 무늬가 만들어진다. 염색한 천
이 아닌 오가닉이므로 면 그 자체의 발색이 특징이다.

손바느질 옷 만들기의 기본기

[손바느질 전에]

첫 매듭과 마무리 매듭짓기

바느질을 시작할 때는 실 한 줄을 원으로 매듭짓고 마무리할 때는 바늘 끝에 두 번 정도 둘러서 매듭을 짓는다. 시작이나 마무리 모두 실이 빠지지 않도록 바늘땀을 한 땀 더 내서 바느질한다.

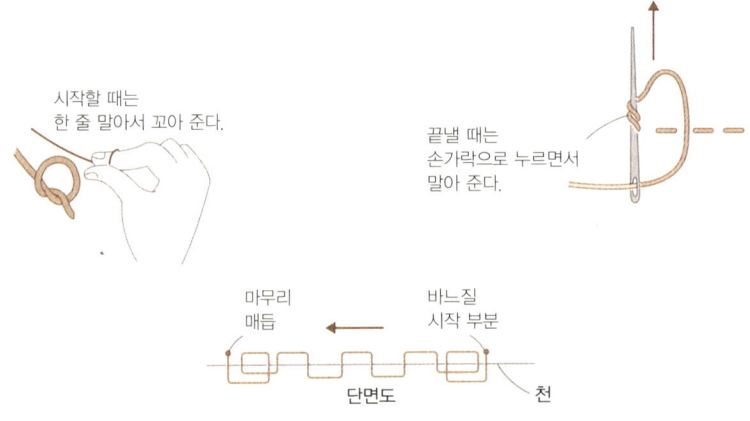

시작할 때는
한 줄 말아서 꼬아 준다.

끝낼 때는
손가락으로 누르면서
말아 준다.

마무리
매듭

바느질
시작 부분

단면도

천

시침핀 꽂는 방법

완성선을 사이에 두고 천이 움직이지 않도록 핀을 꽂는다. 핀을 꽂는 순서는 좌우, 중앙의 순서로 고정해야 한다.

완성선

실 꿰는 방법

천이 잘 잘라지는 가위를 이용해 비스듬히 실을 자르면 바늘에 꿰기 쉽다.

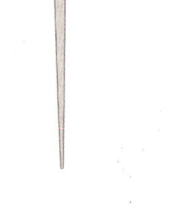

[천을 자르기 전에]　사이즈 선택하기

이 책에서는 0~6개월, 6~12개월, 12~24개월의 월령별로 3시기로 나눠 작품을 소개하고 있으므로, 아래의 사이즈 표를 참고해 선택하면 된다. 아기의 발육은 개인차가 있으므로 가지고 있는 옷을 부록의 옷본에 대어 보는 것도 좋다. 턱받이나 쪽쪽이 등의 소품류는 한 가지 사이즈로 소개했다.

월령	신생아	3개월	6개월	12개월	24개월
신장(cm)	50	60	70	80	90
체중(kg)	3	6	8	11	13

천 미리 손질하기

땀을 많이 흘리는 아기들 옷은 조물조물 빨기 쉬워야 한다. 빨면 수축되어 버리는 경우도 있으므로 천을 재단하기 전에 물에 적신다. 1시간 정도 물을 뿌려 그늘에서 말린 후 건조되면 다림질한다. 그때 가로 방향의 씨실과 세로 방향의 날실이 뒤틀어져 있다면 바로잡아 준다.

　천의 한쪽 단 끝에 바늘 등을 이용해 가로 실 한 줄만 뽑는다. 실이 빠진 부분이 가로 방향의 씨실이다. 빠진 선이 천의 가로 방향 기준선이므로 이 선에 맞게 천을 잘라 둔다. 그런 다음 비뚤어진 세로 방향을 직각이 되도록 잘라내면 된다. 씨실과 날실이 직각으로 교차되도록 천의 폭과 천의 귀를 맞추는 것이 포인트. 가로세로 사방으로 천을 잡아당겨 정리해 준다.

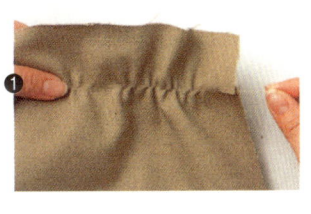

[바느질하는 방법]

반박음질 박음질보다 부드러운 바늘땀이 나온다. 튼튼하게 바느질하고 싶은 부분에 사용한다.

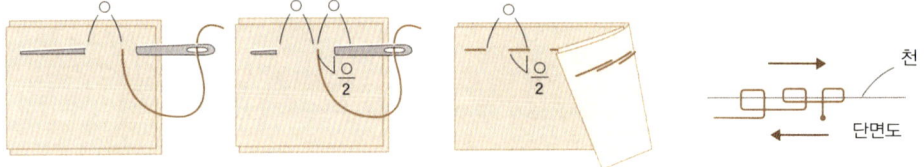

박음질 손바느질 중 가장 견고한 방법. 재봉틀 바느질 대신 사용한다.

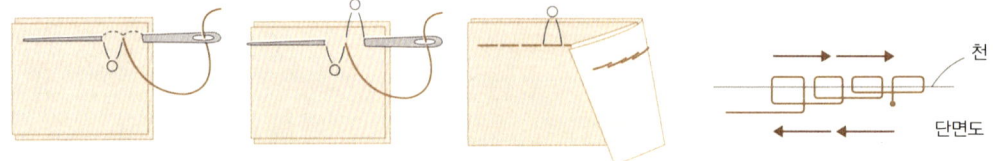

홈질 천의 겉과 속의 바늘땀이 고르게 좁다. 바늘 끝만 움직여서 바느질한다.

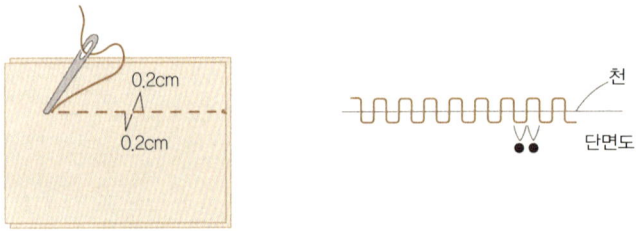

시침질 홈질보다 바늘땀이 넓다. 본바느질 시 천이 밀리는 것을 막기 위해 느슨하게 바느질해 주는 용도로 사용한다.

[시접과 솔기 처리법]

단 마무리 바느질 천의 잘린 부분인 끝단 처리 방법으로는 3가지가 있다. 안감 공그르기는 끝단을 튼튼하게 하고 싶을 때나 아플리케를 할 때 사용한다. 감침질은 시접 아래 천과 시접 부분을 살짝 떠서 바느질해서 고정한다. 2장 연결 공그르기는 시접과 시접을 연결할 때 사용하는데, 바늘땀이 밖에 보이지 않아서 다양한 곳에 사용하는 바느질 방법이다.

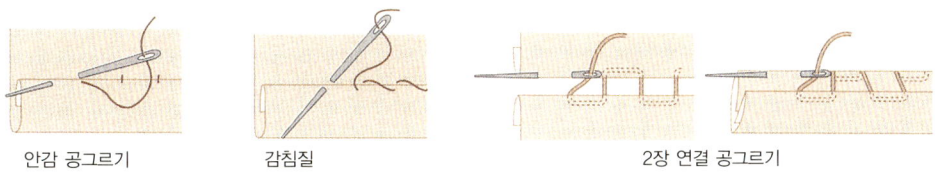

안감 공그르기   감침질   2장 연결 공그르기

쌈솔 박기 시접이 감싸져 숨겨지므로 살갗에 직접 닿지 않아 속옷 등에 최적인 솔기 처리법. 세탁을 반복해도 튼튼한 장점이 있다. 청바지 옆선 등에 이용된다.

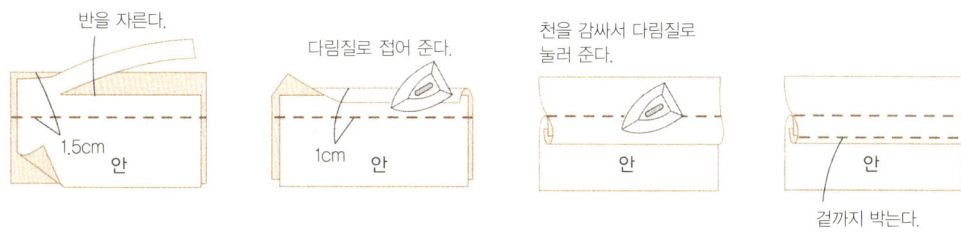

반을 자른다.
다림질로 접어 준다.
천을 감싸서 다림질로 눌러 준다.
1.5cm 안
1cm 안
안
안
겉까지 박는다.

통솔 박기 쌈솔 박기보다 마무리가 가볍다. 천 겉쪽에 스티치가 남아서 장식용이나 액센트로도 이용된다.

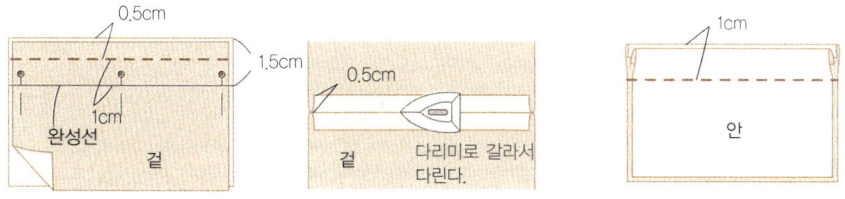

0.5cm
1.5cm
완성선 1cm 겉
0.5cm
겉 다리미로 갈라서 다린다.
1cm
안

가름솔 박기 풀리기 쉬운 천이나 비치는 천의 단 마무리에 쓰는 솔기 처리법. 거친 세탁에도 적합하다.

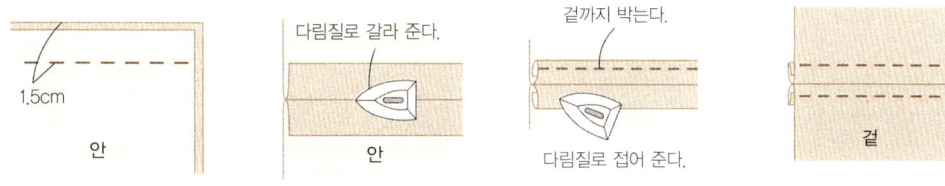

다림질로 갈라 준다.
겉까지 박는다.
1.5cm
안
안
다림질로 접어 준다.
겉

자가 재단

옷본을 사용하지 않고 천에 직접 펜으로
완성선과 시접선 표시를 하는 방법. 본문
의 재단하기에 나온 사이즈와 수치를 재
서 천에 선을 그린다. 이 책에서는 아기
담요와 블랭킷 등에 적용된다.

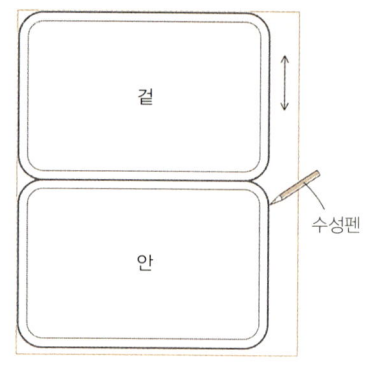

시접 2번 접기

천 끝단을 정리할 때 접는 방법을 말한다. 만드는 방법을 따라하면서 지시에 맞춰 접는 방법을 변화
시키면 된다.

겉끼리 마주 대기·안끼리 마주 대기

천을 2장 겹칠 때 완성된 상태를 고려해서 안감과 겉감의 대는 쪽을 구분해 지칭하는 것.

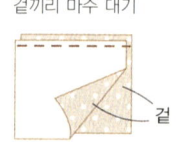

천의 부위별 명칭

천의 눈이라고 하는 부분은 천을 짤 때의 세로
방향인 날실을 말한다. 본문과 옷본 안에 있는
화살 표시(식서 방향)는 천을 날실 방향으로 맞
춰서 재단하라는 의미의 표시다. 천의 폭과 씨
실의 길이는 같으며, 천의 귀는 천의 옆단을 말
한다. 접히는 곳은 천을 접어서 자를 때 접는 부
분을 말하며 옷본 속에 지시가 따로 있을 때는
절대 잘라내면 안 된다.

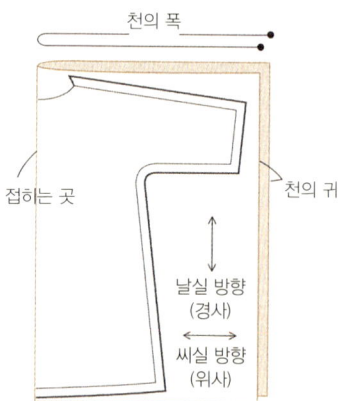

러닝 스티치

❶

3 2 1

❷
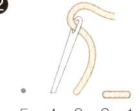
5 4 3 2 1

❸

6 5 4 3 2 1

크로스 스티치

❶
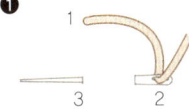
1
3   2

❷
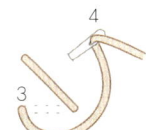
4
3

❸

레이지 데이지 스티치

❶
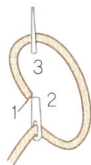
3
2
1

❷
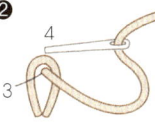
4
3

❸
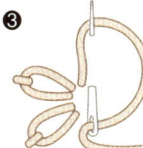

스트레이트 스티치

❶
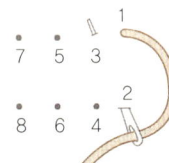
7 5 3   1
8 6 4   2

❷
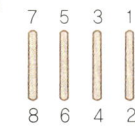
7 5 3 1
8 6 4 2

❸

3
5   1
2   6
4

블랭킷 스티치

❶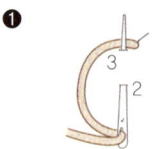

❷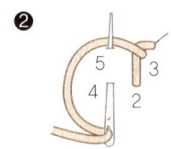

❸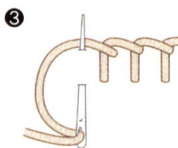

새틴 스티치

❶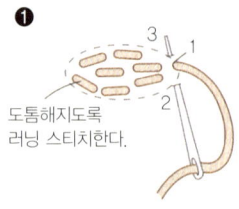

도톰해지도록
러닝 스티치한다.

❷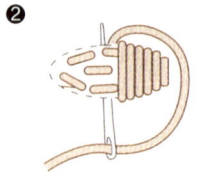

❸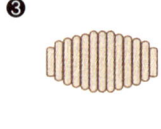

코칭 스티치

❶ 고정시키는 실은
도안에 따라 맞춘다.

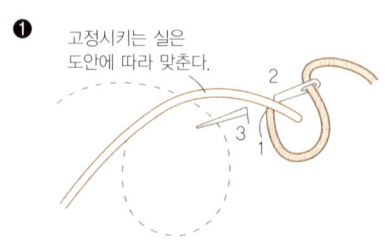

❷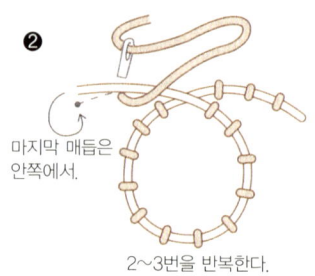

마지막 매듭은
안쪽에서.

2~3번을 반복한다.

백 스티치

❶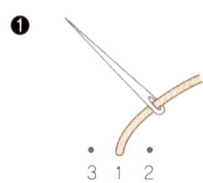

❷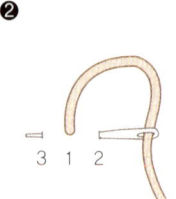

❸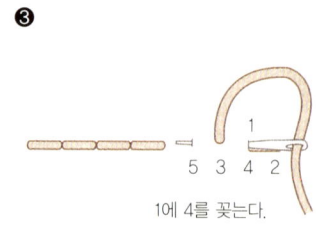

1에 4를 꽂는다.

프렌치넛 스티치

❶ 1번 감기  ❷  ❸

❶ 2번 감기  ❷

[단춧구멍 만들기]

❶

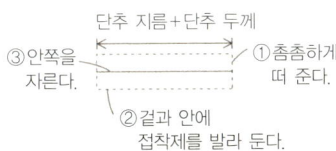

단추 지름＋단추 두께

③안쪽을 자른다.

①촘촘하게 떠 준다.

②겉과 안에 접착제를 발라 둔다.

❷

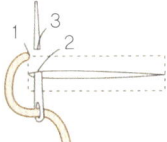

❸ 동그랗게 구부린 실 안에 바늘을 넣고 똑바로 뺀다.

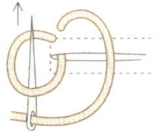

❹ 2, 3번을 반복해서 위쪽을 박고 끝단을 정리한다.

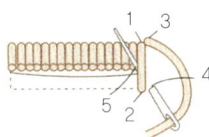

❺ 위쪽과 같은 방법으로 아래쪽도 바느질한다.

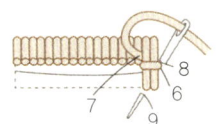

❻ 반대쪽 끝단도 같은 방법으로 정리한다.

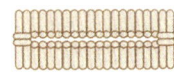

❼ 마무리 매듭은 천 안쪽의 바늘땀 속에 통과시켜 한 땀 뜬 후 잘라낸다.

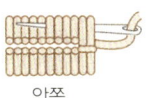

안쪽

15

ONE

0~6개월

아기가 태어난 후 6개월까지는
처음에는 잠만 자다가 앉게 될 정도까지 성장합니다.
출산 전에 만들어 두면 좋은
사랑 가득한 손바느질 아기 옷.

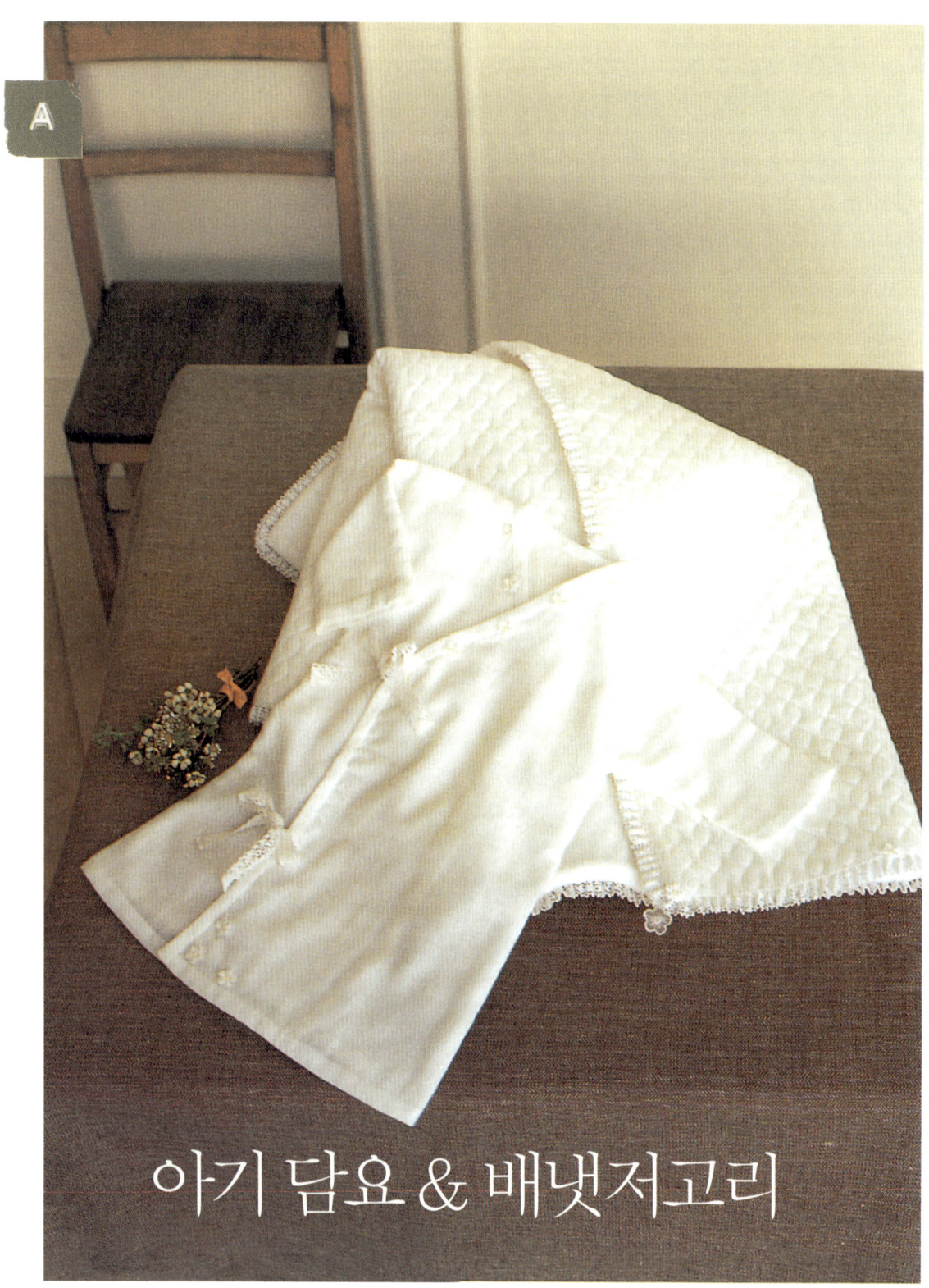

아기 담요 & 배냇저고리

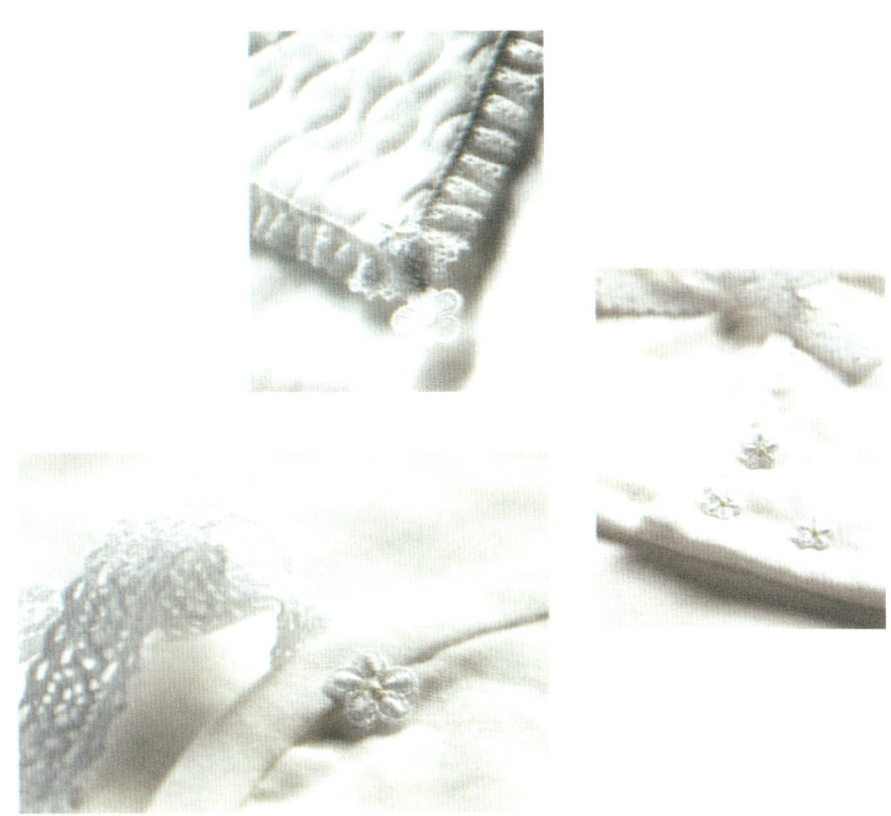

순백의 더블 거즈로 만든 청결한 느낌의

배냇저고리와 숄 겸 아기 담요 세트.

막 태어난 아기가 최초로 입게 되고

외출할 때 필요한 것입니다.

뒷면이 파일 pile 직물로 된 퀼팅 아기 담요는

레이스를 달아 로맨틱하고 사랑스럽습니다.

모포로 쓰거나 기저귀를 갈 때 깔고 쓸 수도 있으므로

한 장쯤 마련해 두면 아주 유용합니다.

시판되는 레이스에서 잘라내 붙인 꽃 모티브로

예쁜 포인트도 주었습니다.

How to make

아기 담요

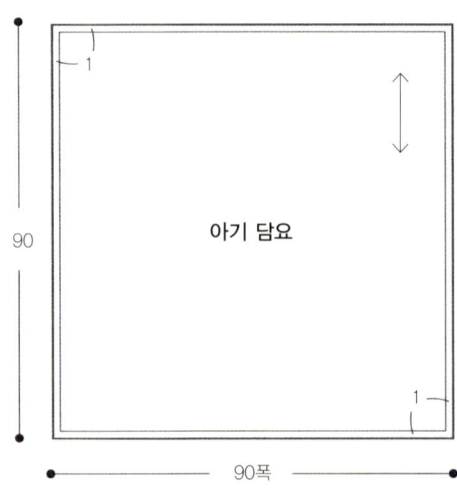

90폭

90

1

1

아기 담요

🟤 아기 담요 재료

퀼팅 천 90cm 폭 90cm
파일 천 90cm 폭 90cm
레이스(1.5cm 폭) 3m 70cm
꽃 레이스 20개 정도
꽃 모티브 4개
흰색 손바느질용 실

🟤 아기 담요 재단하기

단위 cm
실물 옷본이 없으므로 직접 천에 사이즈를
재어서 표시하세요.

🟤 아기 담요 바느질 순서

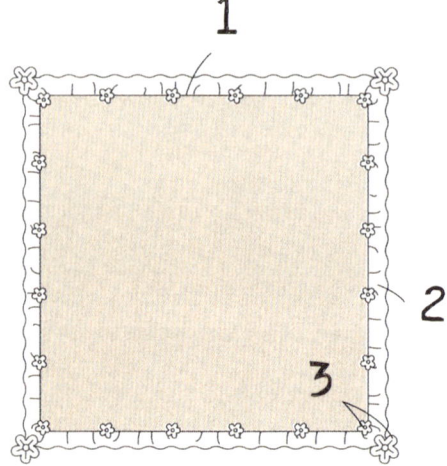

1

2

3

1 겉감의 겉끼리 마주 대고 사면을 바느질한다.

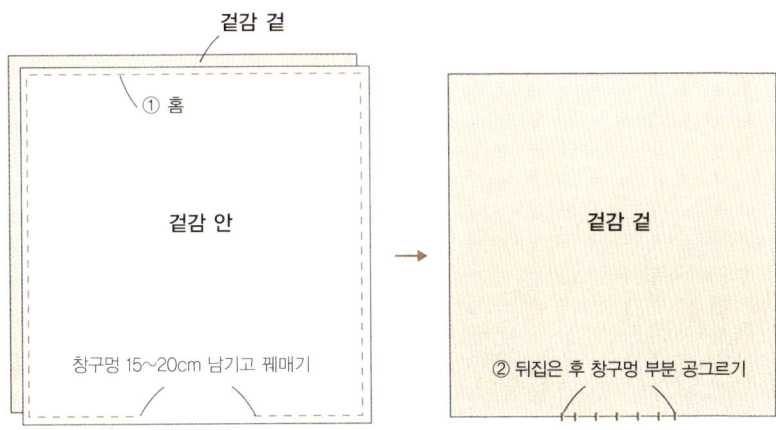

겉감 겉

① 홈

겉감 안

창구멍 15~20cm 남기고 꿰매기

겉감 겉

② 뒤집은 후 창구멍 부분 공그르기

2 레이스를 단다.

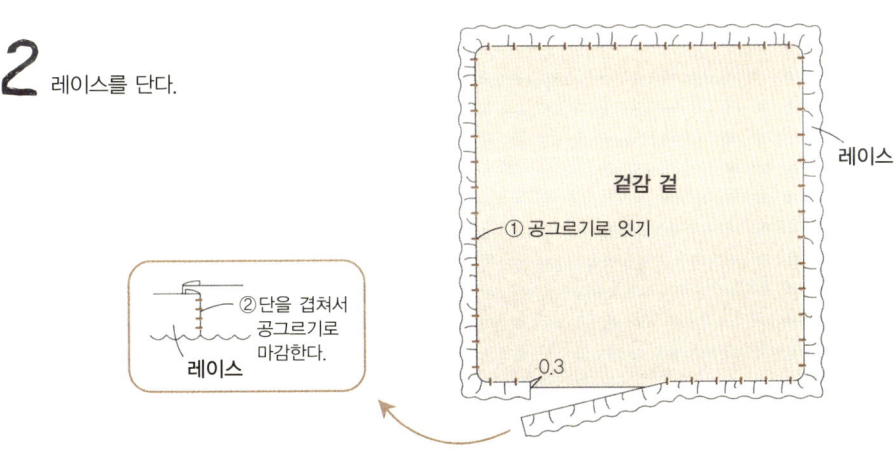

겉감 겉

레이스

① 공그르기로 잇기

② 단을 겹쳐서 공그르기로 마감한다.

레이스

0.3

3 꽃 레이스, 꽃 모티브를 달아 준다.

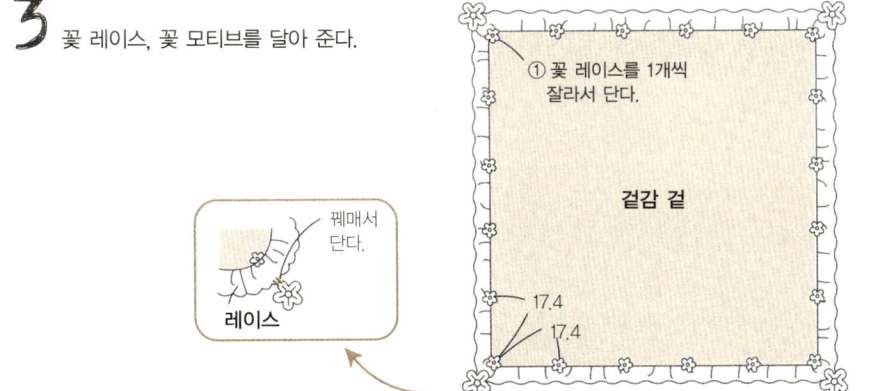

① 꽃 레이스를 1개씩 잘라서 단다.

겉감 겉

17.4

17.4

② 꽃 모티브를 단다.

꿰매서 단다.

레이스

How to make

배냇저고리

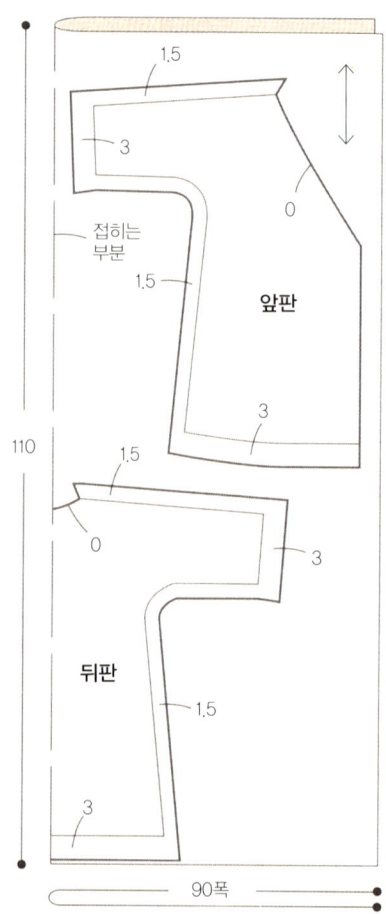

🥔 **배냇저고리 재료**

더블 거즈 90cm 폭 1m10cm
거즈 바이어스테이프 테두리용(1.1cm 폭) 1m 30cm
코튼 테이프(1.2cm 폭) 40cm
레이스(1.5cm 폭) 90cm
꽃 레이스 10개 정도
흰색 손바느질용 실

🥔 **배냇저고리 재단하기**

단위 cm
수치만큼의 시접을 포함해서 재단한다.

🥔 **부록** 실물 옷본 A면

🥔 **배냇저고리 바느질 순서**

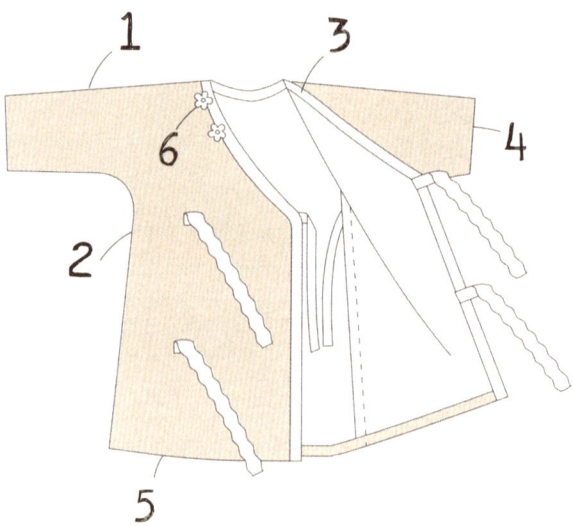

1

어깨선을 바느질한다. 솔기는 쌈솔로 처리한다.

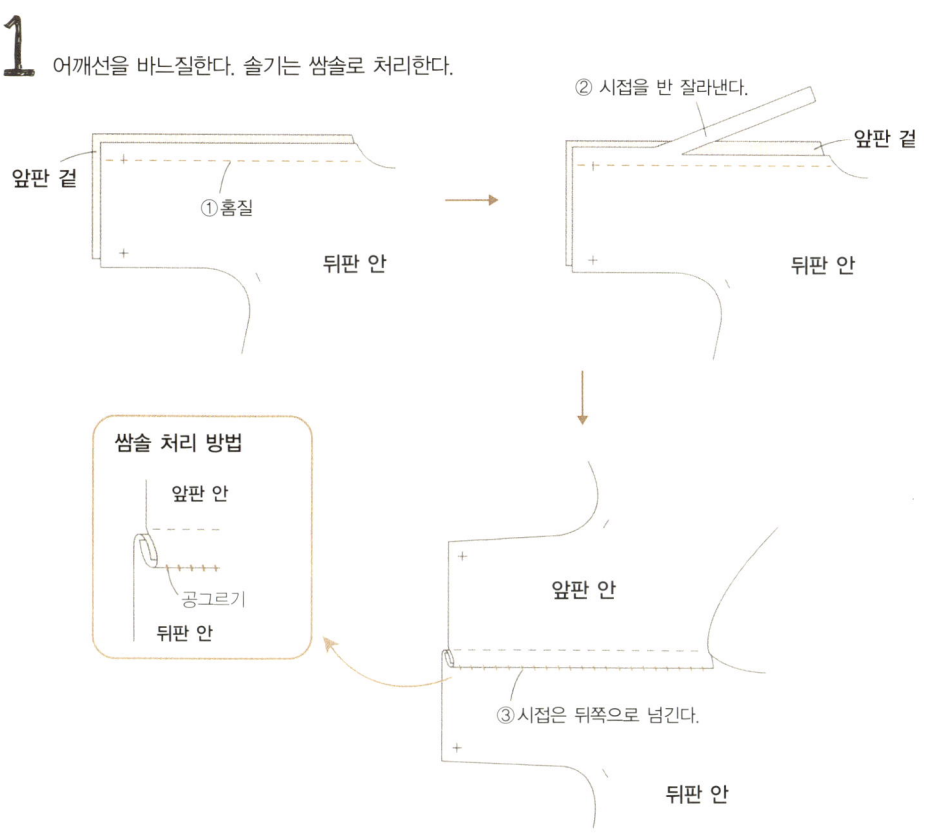

② 시접을 반 잘라낸다.

앞판 겉

①홈질

앞판 겉

뒤판 안

뒤판 안

쌈솔 처리 방법

앞판 안

공그르기

뒤판 안

앞판 안

③시접은 뒤쪽으로 넘긴다.

뒤판 안

2

겨드랑이 옆선을 꿰맨 후 뒤집어서 솔기를 통솔로 처리한다.

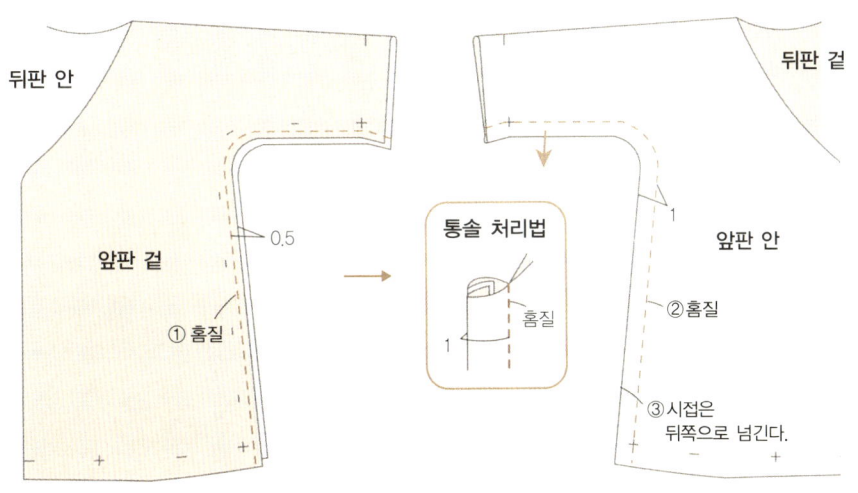

뒤판 안

뒤판 겉

0.5

통솔 처리법

앞판 겉

홈질

앞판 안

①홈질

②홈질

③시접은
뒤쪽으로 넘긴다.

3 옷깃과 앞단에 테두리를 단다.

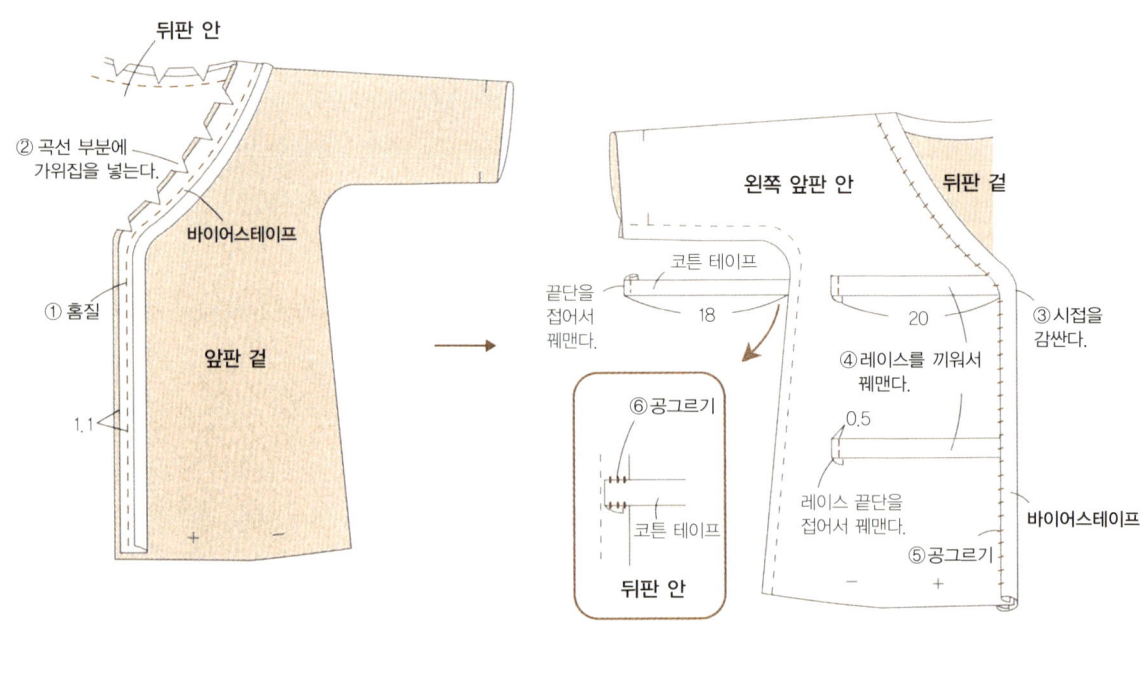

뒤판 안

② 곡선 부분에
가위집을 넣는다.

바이어스테이프

① 홈질

앞판 겉

1.1

왼쪽 앞판 안   뒤판 겉

코튼 테이프

끝단을
접어서
꿰맨다.   18   20   ③ 시접을
감싼다.

④ 레이스를 끼워서
꿰맨다.

⑥ 공그르기   0.5

코튼 테이프   레이스 끝단을
접어서 꿰맨다.   바이어스테이프

뒤판 안   ⑤ 공그르기

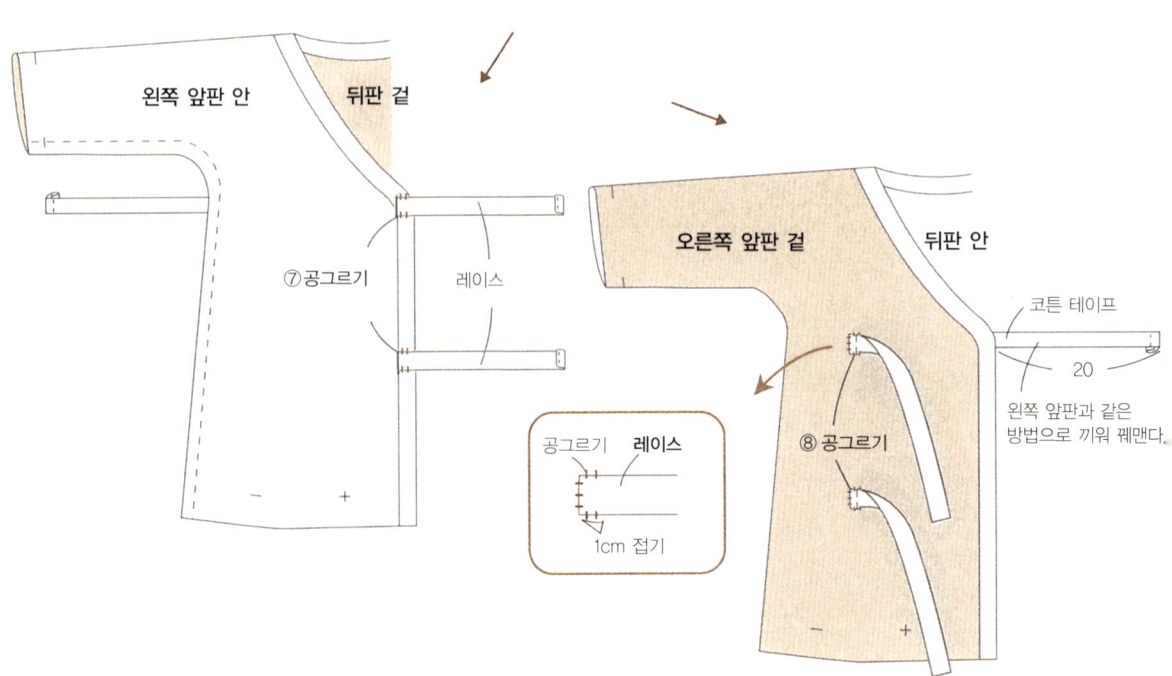

왼쪽 앞판 안   뒤판 겉

⑦ 공그르기   레이스

공그르기   레이스

1cm 접기

오른쪽 앞판 겉   뒤판 안

코튼 테이프

20

왼쪽 앞판과 같은
방법으로 끼워 꿰맨다.

⑧ 공그르기

4 소맷부리를 꿰맨다.

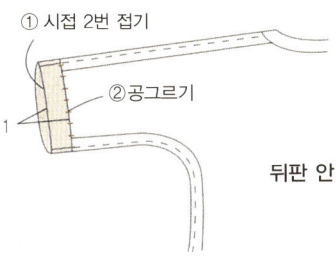

① 시접 2번 접기

②공그르기

1

뒤판 안

5 밑단 옷자락을 꿰맨다.

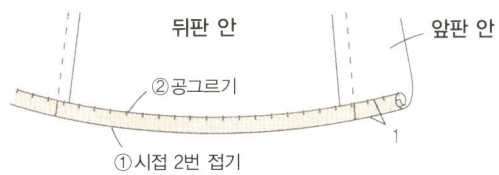

뒤판 안   앞판 안

②공그르기

①시접 2번 접기

1

6 꽃 레이스를 달면 완성된다.

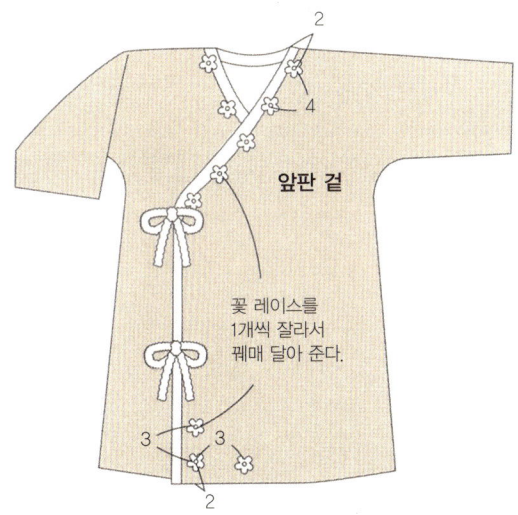

2

4

앞판 겉

꽃 레이스를
1개씩 잘라서
꿰매 달아 준다.

3   3

2

아기 속옷 콤비 &
쬠쬠이 새 인형

목을 가누지 못하는 아기가 입고 벗기 쉬운

저고리 형태의 2가지 길이의 아기 속옷.

땀을 많이 흘리는 아기에게 여러 장 필요한

짧은 속옷과 걸음마로 움직일 때도 풀어지지 않는 긴 속옷입니다.

살갗에 직접 닿는 것이므로 유기농 더블 거즈를 사용해

부드럽고 포근하게 만듭니다.

시접이 직접 피부에 닿지 않도록

솔기 처리에 신경 써서 마감하는 것이 중요합니다.

유기농 스무스로 만든 쬠쬠이 새 인형은

아기가 입에 넣어도 안심할 수 있는 천을 사용합니다.

짧은 아기 속옷

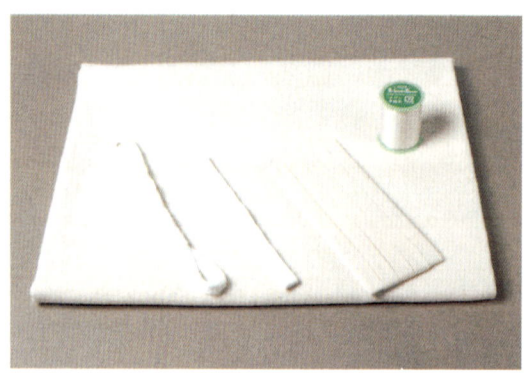

🟤 **짧은 아기 속옷의 재료**

오가닉 더블 거즈 95cm 폭 50cm
오가닉 바이어스테이프 테두리용(1.1cm 폭) 2m
코튼 테이프(0.9cm 폭) 2m
흰색 25번 자수실
손바느질용 실

★ 사진에서는 알아보기 쉽게 빨간색 실 사용.

🟤 **부록** 실물 옷본 A면

🟤 **짧은 아기 속옷 재단하기**

단위 cm
수치의 시접을 포함해서 재단한다.

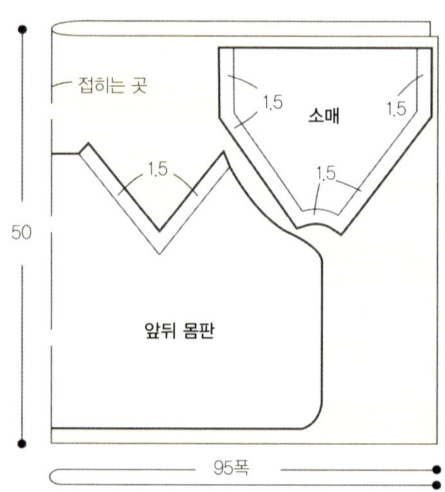

🟤 **짧은 아기 속옷의 바느질 순서**

1 옷본을 만든다.

2 천을 자른다.

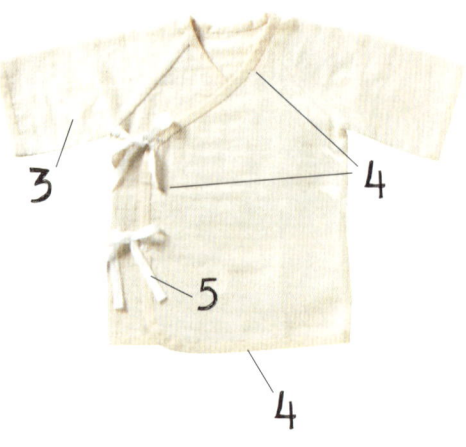

1 옷본을 만든다.

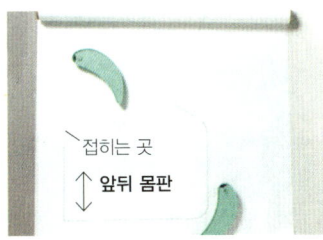

① 실물 대형 종이 위에 하트론지나 트레이싱지 등 투명한 종이를 올려놓고 완성선을 베낀다. 미리 색연필 등으로 표시를 해 두면 실수를 줄일 수 있다.

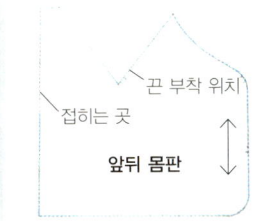

② 천의 식서 방향이나 끈 부착 위치, 옷본 조각의 부위 이름 등을 베껴 두고 종이용 가위로 자른다.

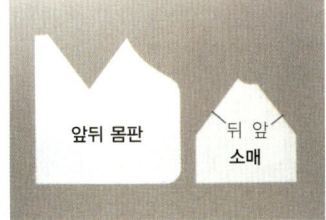

③ 앞뒤 몸판과 소매 옷본을 완성한 모습.

2 천을 자른다.

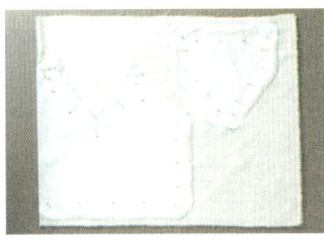

① 재단하기 그림을 참조해서 겉감끼리 마주 대고 천에 옷본을 놓고 시침핀으로 고정시킨다. 수성펜으로 완성선(옷본의 윤곽선)을 그린다. 끈 부착 위치도 잊지 말고 표시한다.

② 시접선을 그려 넣는다.

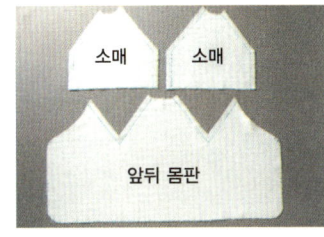

③ 시접선을 따라 천을 자른다. 옷본과 천을 뒤집어서 반대쪽 소매와 몸판의 완성선을 그린다. 앞뒤 몸판과 소매 2장을 다 잘라낸 모습.

3 소매를 꿰매고 몸판에 연결한다.

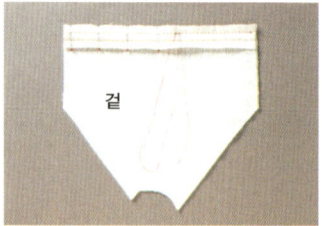
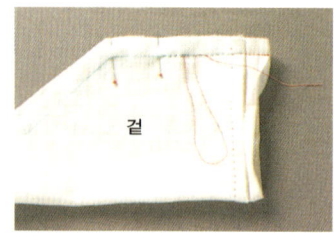
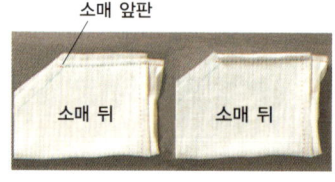

소매 앞판
소매 뒤   소매 뒤

① 소맷부리의 끝단과 바이어스테이프 단을 겉끼리 마주 대고 바이어스테이프의 시접선 위를 홈질한다. 바느질이 끝나면 바이어스테이프를 겉으로 감싸서 다리미로 눌러 준다.

② 소매 옆선을 쌈솔로 바느질한다. 우선 겉끼리 마주 대고 홈질한다.

③ 소매 뒤편 시접을 반으로 잘라내고 소매 앞쪽의 시접을 감싸게 접어 준다.

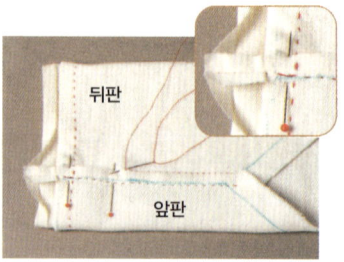
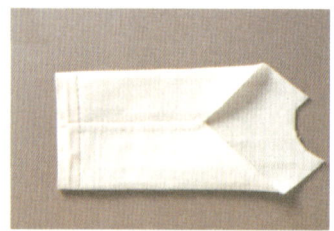
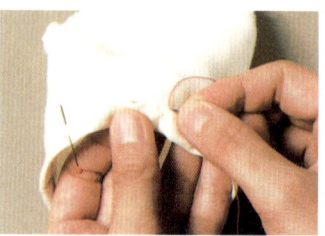

④ 시접을 소매 뒤편으로 넘기고 바늘땀이 겉으로 나오지 않도록 공그르기한다. 홈질을 해도 된다. 이때 바이어스테이프 부분은 한쪽 시접을 잘라 다림질로 갈라 준다.

⑤ 쌈솔 처리로 소매 옆선이 마무리된 모습.

⑥ 소맷부리의 바이어스테이프를 천 안감에 접어넣어서 다림질로 정돈하고 공그르기한다.

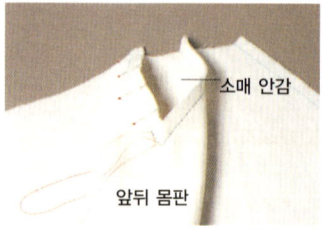
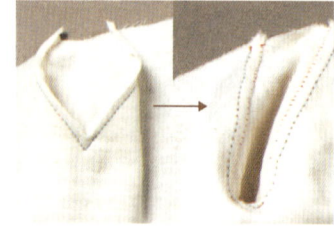

⑦ 몸판에 소매를 쌈솔로 이어 붙인다. 우선 겉끼리 마주 대고 홈질한다.

⑧ 소매의 시접을 반으로 잘라 몸판 시접을 감싸도록 접는다. 시접을 소매 쪽으로 넘겨서 공그르기한다.

⑨ 쌈솔 처리로 몸판에 소매를 이어 붙인 모습.

4 바이어스테이프로 목둘레, 한쪽 앞단, 옷 끝자락, 다른 쪽 앞단까지 이어서 단다.

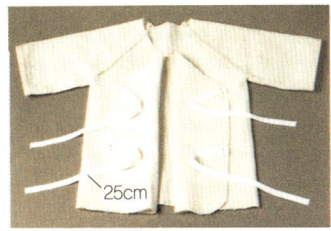

① 25cm로 자른 코튼 테이프를 앞단의 끈 부착 위치 안쪽에 4줄 달아 준다.

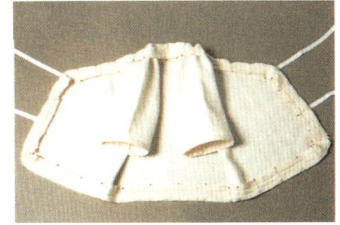

② 몸판의 목둘레부터 시작해 앞단, 옷 끝자락, 다른 편 앞단까지 바이어스테이프 단을 겉끼리 대고 한 바퀴 둘러 시침핀으로 고정한다.

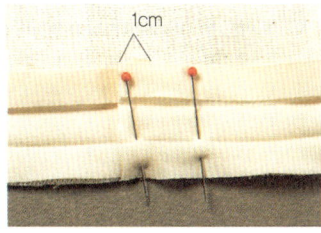

③ 한쪽 단은 1cm 접어서 겹쳐 둔다.

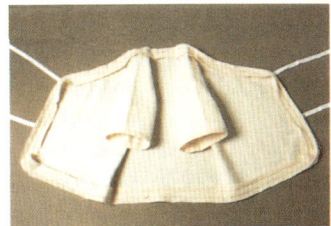

④ 바이어스테이프 시접 위를 시침질한다. 바느질이 끝나면 바이어스테이프를 겉으로 접어서 다림질로 눌러 준다.

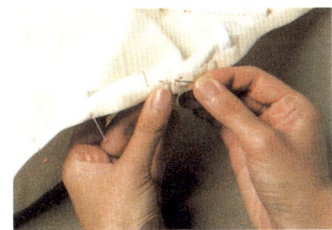

⑤ 천 안쪽으로 감싸 접어서 다림질로 정돈하고 공그르기로 마무리한다.

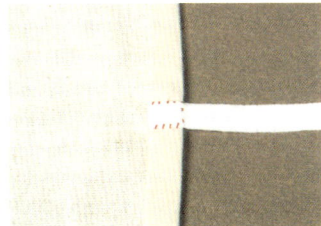

⑥ 1번에서 부착한 4줄의 끈을 바깥쪽으로 내서 공그르기한다.

⑦ 겨드랑이의 겉쪽과 천 안쪽 끝 부착 위치에 코튼 테이프를 2줄씩 공그르기로 달아 준다. 단 꼬트머리는 0.8cm 접어 둔다.

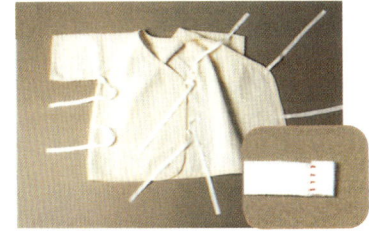

⑧ 모든 끈을 붙인 모습. 단 꼬트머리는 0.5cm 폭으로 2번 접어서 공그르기한다.

5 장식용 자수를 놓는다.

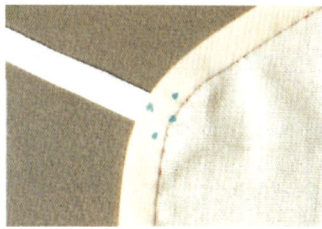  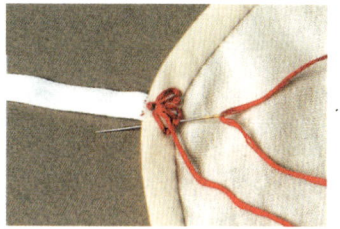

①수성펜으로 테이프 폭의 반 정도 위치에 중심점 표시를 한다. 사진을 참고로 남은 3개의 점도 잘 표시한다.

②자수실 6줄로 레이지 데이지 스티치를 해 준다. (13쪽 자수법 참조)

③레이지 데이지 스티치 사이사이에 프렌치넛 스티치를 해 준다. 꽃잎 모양 바깥쪽 4군데에 자수를 하면 완성!

How to make

쬠쬠이 새 인형

쬠쬠이 새 인형의 재료

오가닉 코튼 스무스 10×30cm
오가닉 코튼 파일 천 10×10cm
다리미 접착 펠트(갈색) 조금
0.3cm 두께의 둥근 끈 40cm
플라스틱 방울 1개
인형용 솜
손바느질용 실

부록 실물 옷본 A면

쬠쬠이 새 인형 재단하기

단위 cm
수치만큼의 시접을 포함해서 재단한다.
단, 부리와 날개만 0.5cm 시접

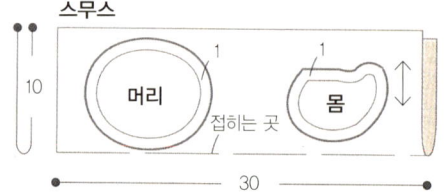

스무스

1

오가닉 코튼 파일 천으로 새 부리를 만든다.

부리 겉
부리 안
① 홈질
② 솜을 가볍게 채운다.
부리 겉

2

오가닉 코튼 파일 천으로 날개를 만들어 몸판 겉에 단 후 몸을 만든다.

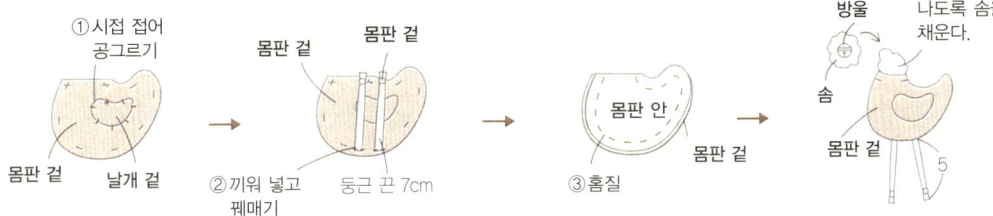

① 시접 접어
공그르기
몸판 겉
몸판 겉
몸판 겉
날개 겉
② 끼워 넣고
꿰매기
둥근 끈 7cm
③ 홈질
몸판 안
몸판 겉
④ 둥근 모양이
나도록 솜을
채운다.
방울
솜
몸판 겉
5

3

머리, 몸, 부리, 둥근 끈을 연결한다. 갈색 펠트를 잘라 눈을 만들어 붙인다.

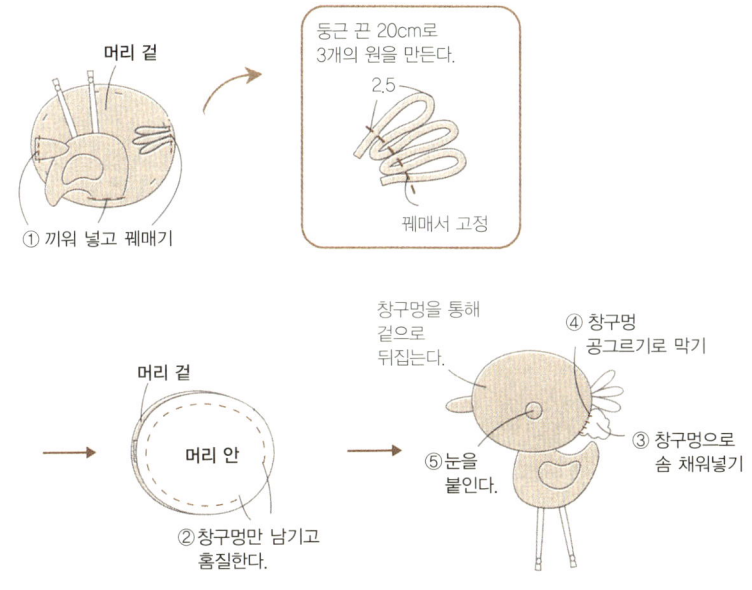

머리 겉
① 끼워 넣고 꿰매기

둥근 끈 20cm로
3개의 원을 만든다.
2.5
꿰매서 고정

머리 겉
머리 안
② 창구멍만 남기고
홈질한다.

창구멍을 통해
겉으로
뒤집는다.
④ 창구멍
공그르기로 막기
③ 창구멍으로
솜 채워넣기
⑤ 눈을
붙인다.

How to make

긴 아기 속옷

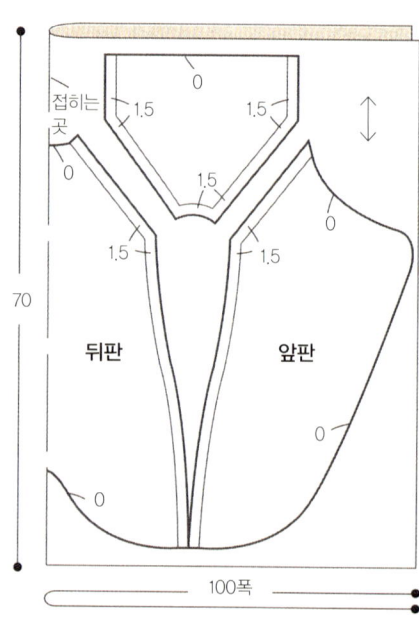

접히는 곳

0
1.5   1.5

0
1.5
1.5   1.5

70

뒤판   앞판

0

0

0

100폭

🟤 **긴 아기 속옷의 재료**

오가닉 코튼 더블 거즈 100cm폭 70cm
오가닉 바이어스테이프 테두리용(1.1cm 폭) 2m70cm
코튼 테이프(0.9cm 폭) 2m
똑딱단추 테이프 10cm
흰색 자수실
손바느질용 실

🟤 **긴 아기 속옷 재단하기**

단위 cm
수치만큼의 시접을 포함해서 재단한다.

🟤 **부록** 실물 옷본 A면

🟤 **긴 아기 속옷의 바느질 순서**

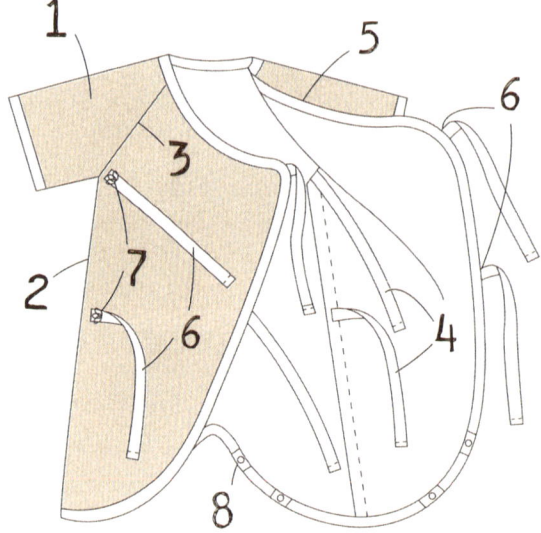

1 소매를 만든다.

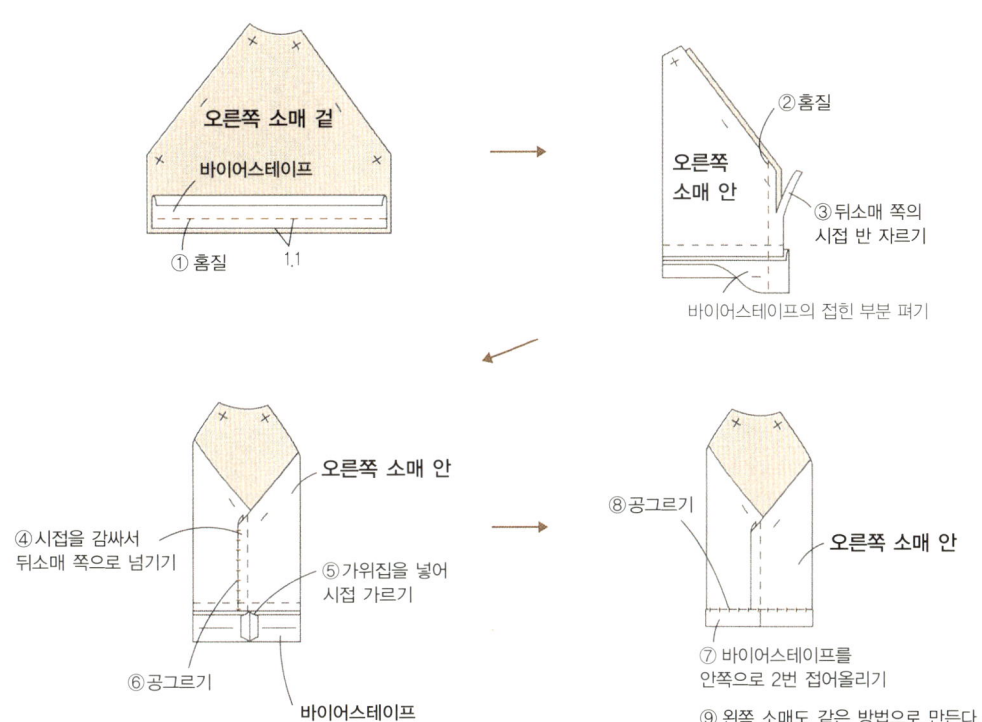

오른쪽 소매 겉

바이어스테이프

① 홈질 1.1

② 홈질

오른쪽 소매 안

③ 뒤소매 쪽의 시접 반 자르기

바이어스테이프의 접힌 부분 펴기

오른쪽 소매 안

④ 시접을 감싸서 뒤소매 쪽으로 넘기기

⑤ 가위집을 넣어 시접 가르기

⑥ 공그르기

바이어스테이프

⑧ 공그르기

오른쪽 소매 안

⑦ 바이어스테이프를 안쪽으로 2번 접어올리기

⑨ 왼쪽 소매도 같은 방법으로 만든다.

2 옆선을 쌈솔로 바느질한다.

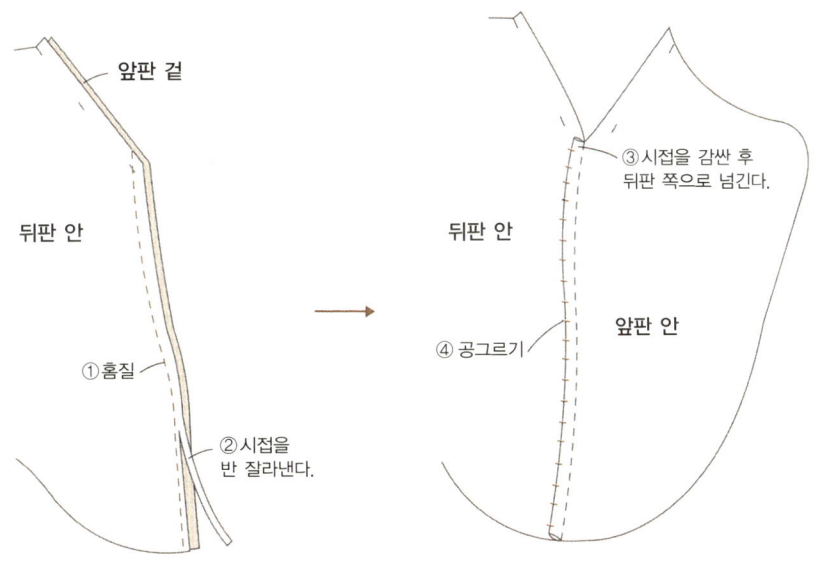

앞판 겉

뒤판 안

① 홈질

② 시접을 반 잘라낸다.

③ 시접을 감싼 후 뒤판 쪽으로 넘긴다.

뒤판 안

④ 공그르기

앞판 안

3 소매를 쌈솔로 몸판에 붙인다.

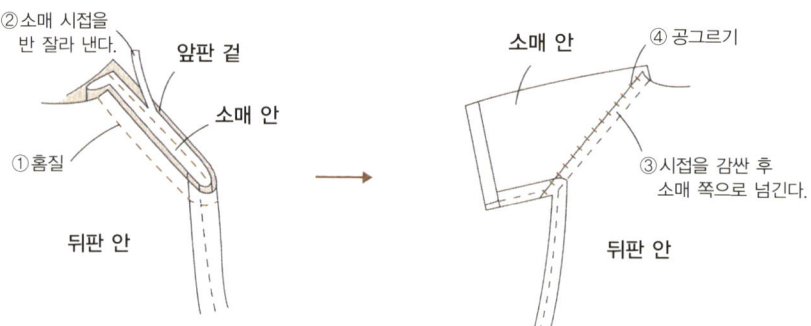

②소매 시접을
반 잘라 낸다.
앞판 겉
소매 안
①홈질
뒤판 안

소매 안
④ 공그리기
③시접을 감싼 후
소매 쪽으로 넘긴다.
뒤판 안

4 앞섶 안쪽에 끈을 단다.

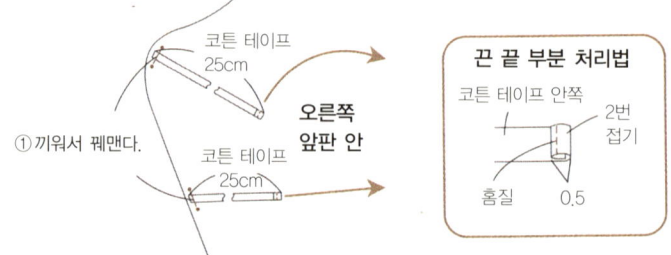

코튼 테이프
25cm
①끼워서 꿰맨다.
코튼 테이프
25cm
오른쪽
앞판 안

끈 끝 부분 처리법
코튼 테이프 안쪽
2번
접기
홈질   0.5

②왼쪽 앞판도 같은 방법으로 코튼 테이프를 달아 준다.

5 옷깃과 앞섶, 밑단 옷자락에 테 두르기

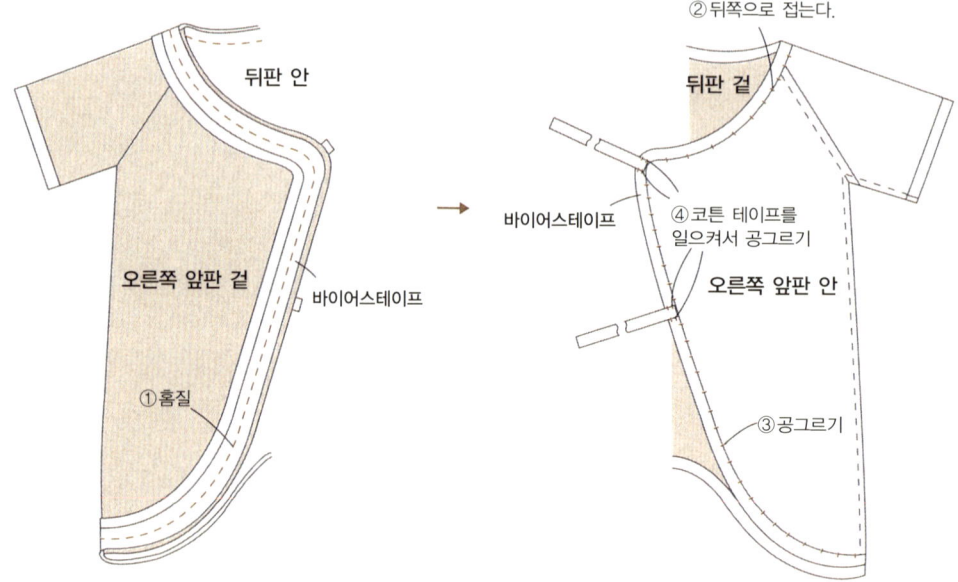

뒤판 안
오른쪽 앞판 겉
바이어스테이프
①홈질

②뒤쪽으로 접는다.
뒤판 겉
바이어스테이프
④코튼 테이프를
일으켜서 공그리기
오른쪽 앞판 안
③공그리기

6 앞섶 바깥쪽에 끈을 단다.

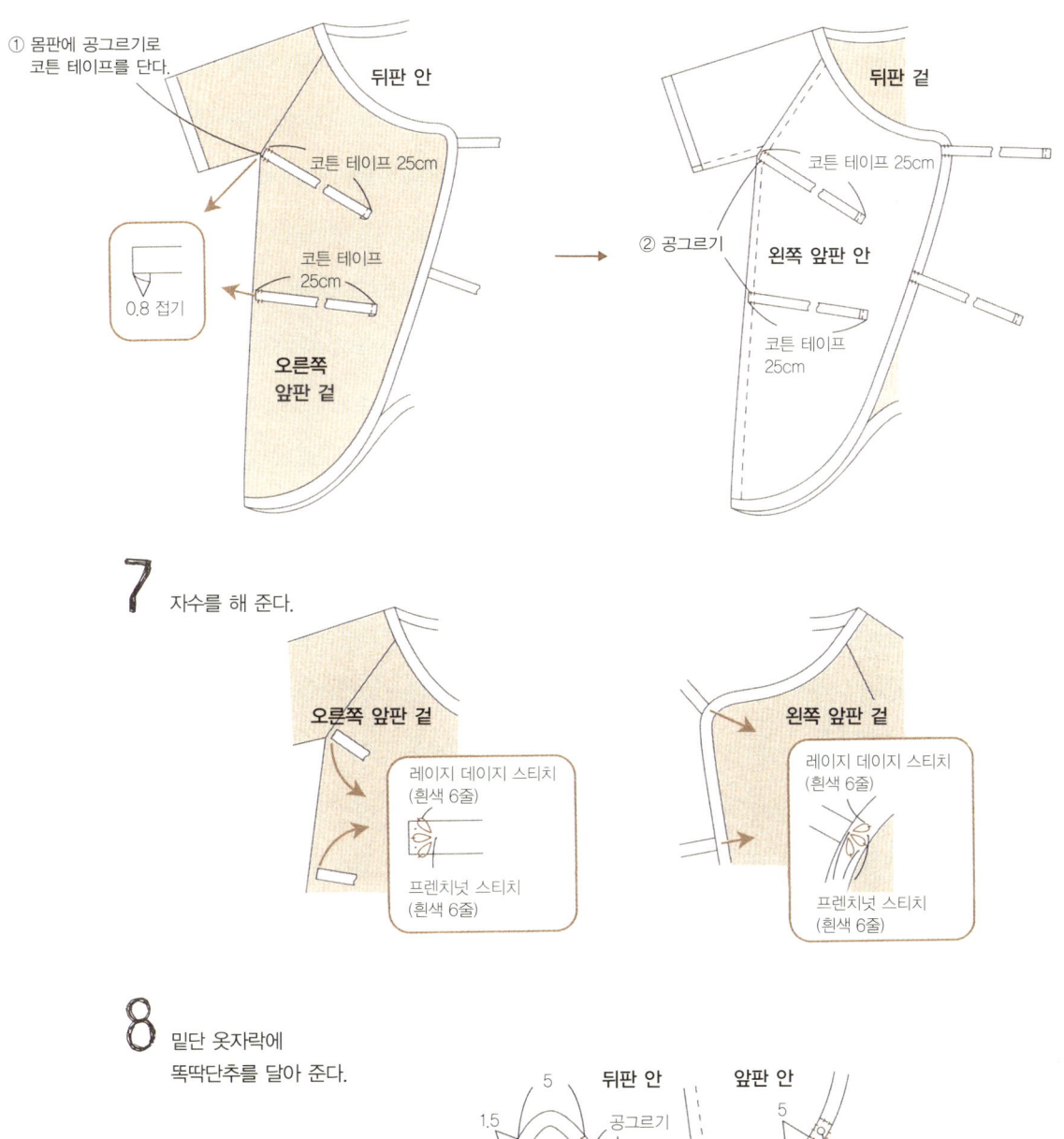

① 몸판에 공그르기로
코튼 테이프를 단다.

뒤판 안

뒤판 겉

코튼 테이프 25cm

코튼 테이프 25cm

② 공그르기

왼쪽 앞판 안

0.8 접기

코튼 테이프
25cm

코튼 테이프
25cm

오른쪽
앞판 겉

7 자수를 해 준다.

오른쪽 앞판 겉

왼쪽 앞판 겉

레이지 데이지 스티치
(흰색 6줄)

레이지 데이지 스티치
(흰색 6줄)

프렌치넛 스티치
(흰색 6줄)

프렌치넛 스티치
(흰색 6줄)

8 밑단 옷자락에
똑딱단추를 달아 준다.

5

뒤판 안   앞판 안

1.5

공그르기

5

5

5

똑딱단추(凹)

똑딱단추(凸)

리버시블 베스트,
쬠쬠이 토끼 인형 &
베이비 드레스

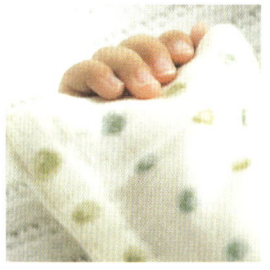

귀여운 물방울 프린트 더블 거즈로 만든 드레스와 베스트.

물방울을 잘 들여다보면 작은 무당벌레가 숨어 있습니다.

심플한 베이비 드레스는 배냇저고리와는 천이 다른 입고 벗기 쉬운 저고리형입니다.

폭신폭신한 파일 천과 더블 거즈 2장으로 만든 리버시블 베스트는

체온조절이 어려운 아기에게는 꼭 필요합니다.

토끼 쬠쬠이에는 소리가 나는 방울을 넣어 보세요.

아기가 발을 동동거리며 움직이는 것을 즐거워하게 됩니다.

How to make
리버시블 베스트

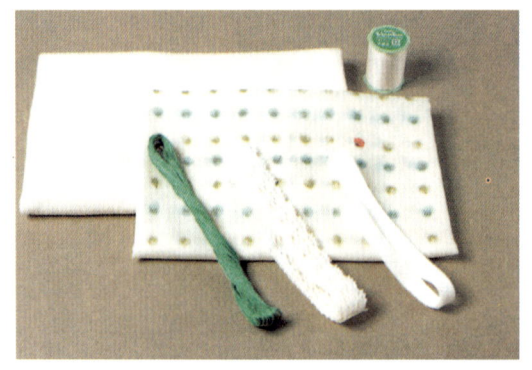

🟤 **리버시블 베스트 재료**

겉감 파일 천 40×70cm
안감 프린트 더블 거즈 40×70cm
코튼 레이스(2cm 폭), 그로그램 리본(1cm 폭) 각 1m씩
녹색 25번 자수실, 손바느질용 실

★ 사진에서는 알아보기 쉽게 빨간색 실 사용.

🟤 **부록** 실물 대형 옷본 A면

🟤 **리버시블 베스트 재단하기**

단위 cm
수치만큼의 시접을 포함해서 재단한다.

겉감, 안감 각 1장씩

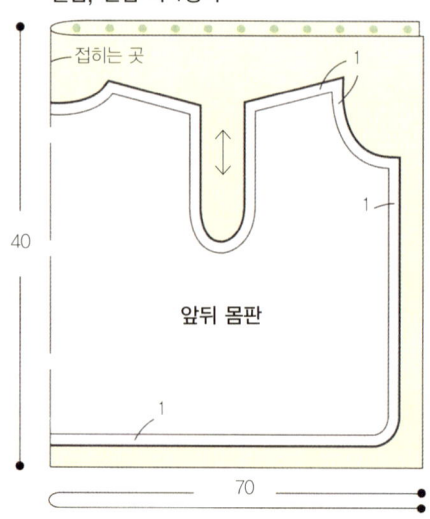

접히는 곳

1

1

앞뒤 몸판

40

1

70

🟤 **리버시블 베스트의 바느질 순서**

1 옷본을 만든다.

4

2

3

40

1 옷본을 만든다.

① 왼쪽의 도안을 참조해서 겉끼리 마주 대고 천에 옷본을 댄 후 시침핀으로 고정한 다음, 수성펜으로 완성선을 그린다. 끈이 달릴 위치도 표기.

② 시접을 표시한다. 옷본과 천을 뒤집어서 다른 한쪽 몸판도 완성선을 그려 둔다.

③ 시접선을 자른다.

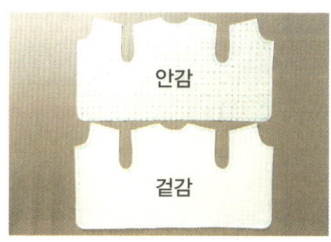

안감

겉감

④ 안감과 겉감을 재단한 것

★ 리버시블 베스트 실물 자수 도안

무당벌레 문양

레이지 데이지 스티치

스트레이트 스티치

백 스티치
(녹색 3줄)

2 아플리케와 자수를 한다.

안   겉

① 남은 천에서 0.5cm 시접을 남기고 무당벌레 무늬를 오려 내고, 주위를 홈질한 후 잡아당겨 원으로 만들어 준다.

② 하트론지 등 비치는 종이에 자수 도안을 베낀다. 천 겉에 도안을 놓고 수성펜으로 도안의 표시를 점으로 찍듯이 그린다. 털이 있어서 도안을 베끼기 어려운 파일 천은 이 방법으로 옮겨 그린다.

③ 1개의 무당벌레를 공그르기로 붙이고, 자수실 3줄로 스티치를 한다.
(13쪽 자수법 참조)

3 코튼 레이스와 리본을 끼우고 겉감과 안감을 바느질한다.

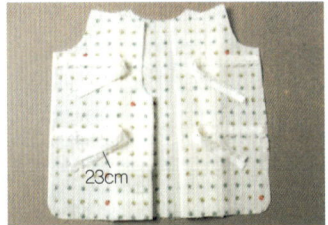

① 안감의 겉쪽 끈 부착 위치에 23cm로 자른 리본과 코튼 레이스를 순서대로 겹쳐 고정시켜 단다.

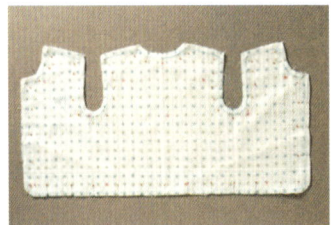

②겉감과 안감을 겉끼리 마주 대고 전체를 시침핀으로 고정한다.

③ 어깨선 4곳을 남기고 홈질로 주위를 바느질한다.

4 겉으로 뒤집어서 어깨를 꿰맨다.

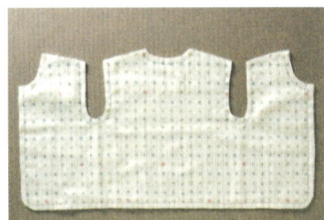

④ 바느질을 마친 상태.

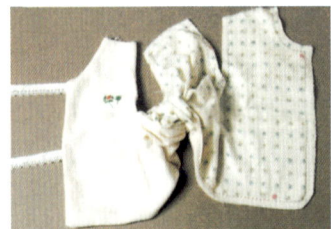

① 꿰매고 남은 어깨의 한 곳을 통해 겉으로 뒤집어서 다림질로 형태를 바로잡는다.

② 다리미로 어깨의 시접 8곳을 안쪽으로 꺾는다.

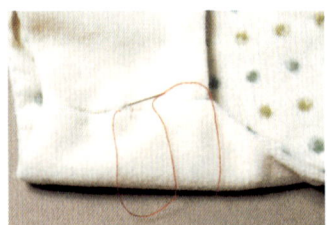

③ 공그르기로 어깨를 꿰맨다.

④ 코튼 레이스와 리본의 끝을 0.5cm 폭으로 2번 접어서 감침질을 한다. 완성!

찜찜이 토끼 인형

더블 거즈

20

손잡이   토끼 귀   1

1

40   접히는 곳

파일 천

20

머리   귀   1   1

20   접히는 곳

🔸 **찜찜이 토끼 인형 재료**

프린트 더블 거즈 20 × 40cm
파일 천 20 × 20cm
레이스(2cm 폭) 20cm
고무 테이프(0.8cm 폭) 20cm
플라스틱 방울 1개, 솜
갈색 25번 자수실, 손바느질용 실

🔸 **찜찜이 토끼 인형 재단하기**

단위 cm
수치만큼의 시접을 포함해서 재단한다.

🔸 **부록** 실물 옷본 A면

1 귀를 만든다.

① 홈질   귀 겉
귀 안
② 겉으로 뒤집는다.
귀 겉
③ 주름을 잡아 꿰맨다.

2 머리를 만든다.

귀를 끼운다.
① 홈질
머리 안
창구멍을 남기고 바느질한다.
방울
ⓒ
솜
머리 겉   ③ 공그르기
② 솜으로 방울을 감싸서 채운다.

④ 프렌치넛 스티치 (갈색 3줄)
⑤ 백 스티치 (갈색 3줄)

머리 뒤판   감침질
5   1cm 접기
⑥ 레이스를 12cm로 홈질해서 개더를 잡는다.

3 손잡이를 만들어 붙인다.

② 홈질   1
손잡이 안
① 접는다

손잡이 겉
③ 겉으로 뒤집어 반으로 접는다.
④ 고무 테이프를 16cm 넣는다.
⑤ 홈질

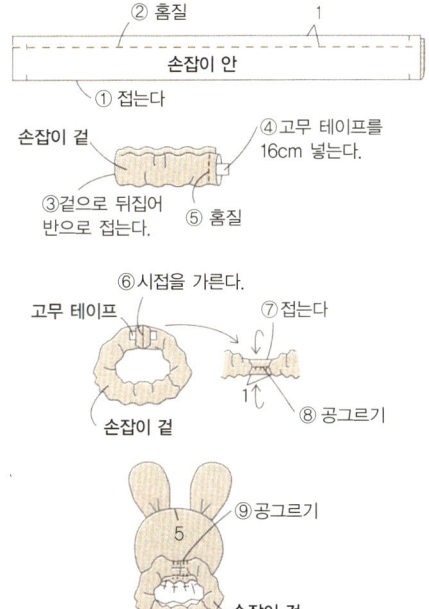

⑥ 시접을 가른다.
고무 테이프   ⑦ 접는다
손잡이 겉   1   ⑧ 공그르기

⑨ 공그르기
5
손잡이 겉

How to make

베이비 드레스

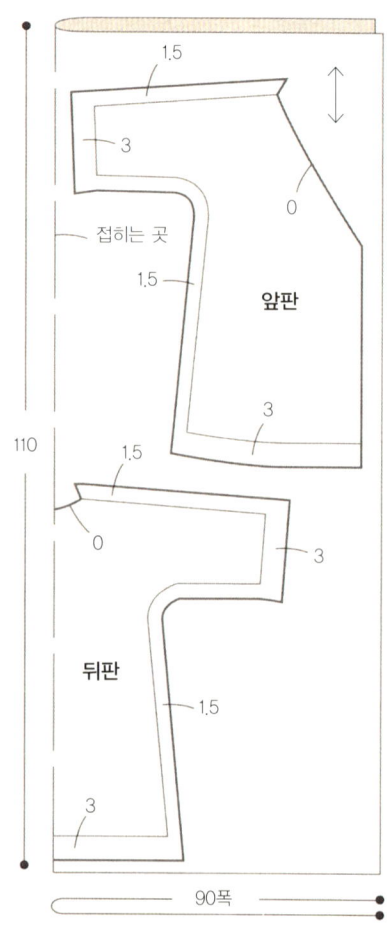

접히는 곳

1.5

3

0

1.5

앞판

3

110

1.5

0

3

뒤판

1.5

3

90폭

🍂 **부록** 실물 옷본 A면

🍂 **베이비 드레스 재료**

프린트 더블 거즈 90cm 폭 1m10cm
거즈 바이어스테이프 테두리용(1.1cm 폭) 2m10cm
코튼 테이프(1.2cm 폭) 40cm
손바느질용 실

🍂 **베이비 드레스 재단하기**

단위 cm
수치만큼의 시접을 포함해서 재단한다.

🍂 **베이비 드레스 바느질 순서**

겉끈 만들기
바이어스테이프 끝단은 공그르기
바이어스테이프 겉
20

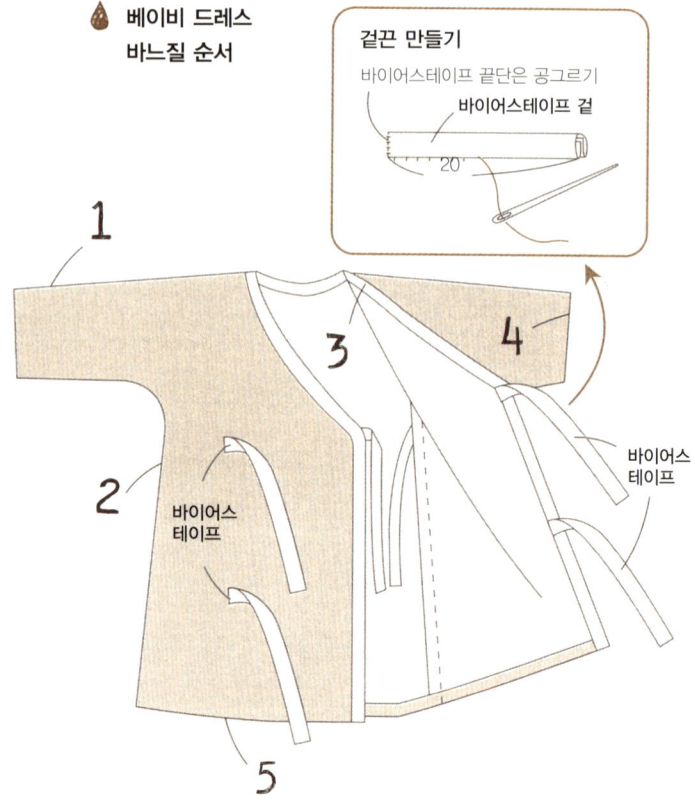

1

2

바이어스
테이프

3

4

바이어스
테이프

5

44

1 어깨선을 쌈솔로 꿰맨다.

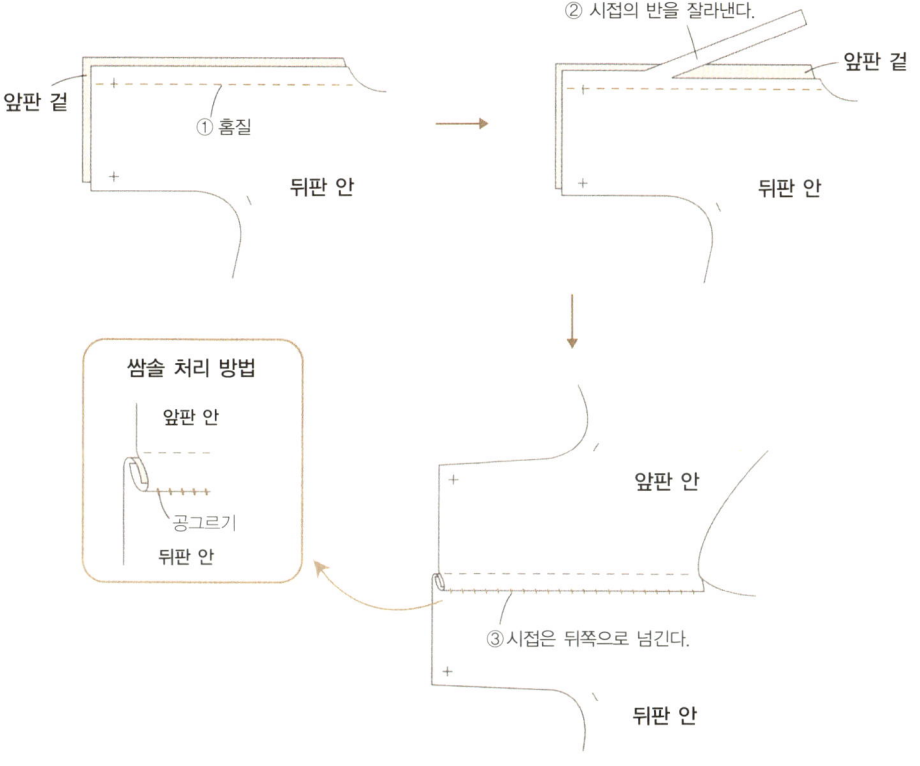

② 시접의 반을 잘라낸다.

앞판 겉

① 홈질

뒤판 안

앞판 겉

뒤판 안

쌈솔 처리 방법

앞판 안

공그르기

뒤판 안

앞판 안

③ 시접은 뒤쪽으로 넘긴다.

뒤판 안

2 겨드랑이 옆선을 바느질한 후, 뒤집어서 통솔로 처리한다.

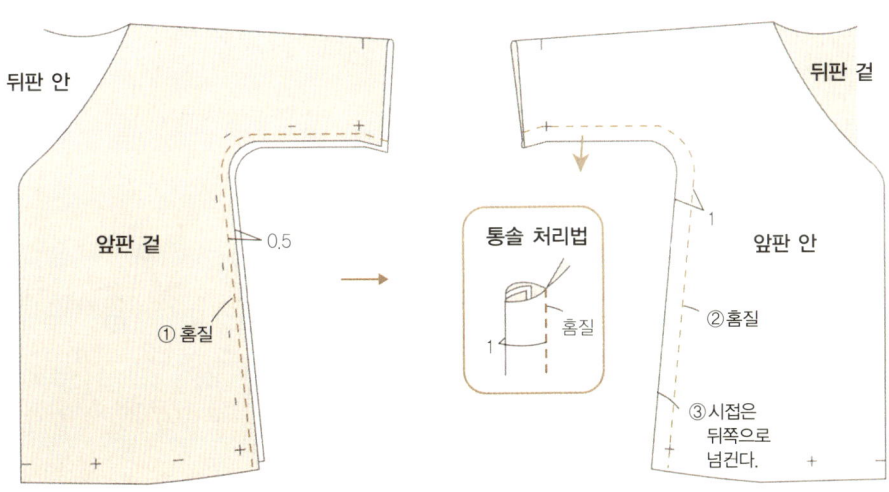

뒤판 안

뒤판 겉

앞판 겉

0.5

① 홈질

통솔 처리법

홈질

1

1

앞판 안

② 홈질

③ 시접은
뒤쪽으로
넘긴다.

3 옷깃과 앞단에 테두리를 단다.

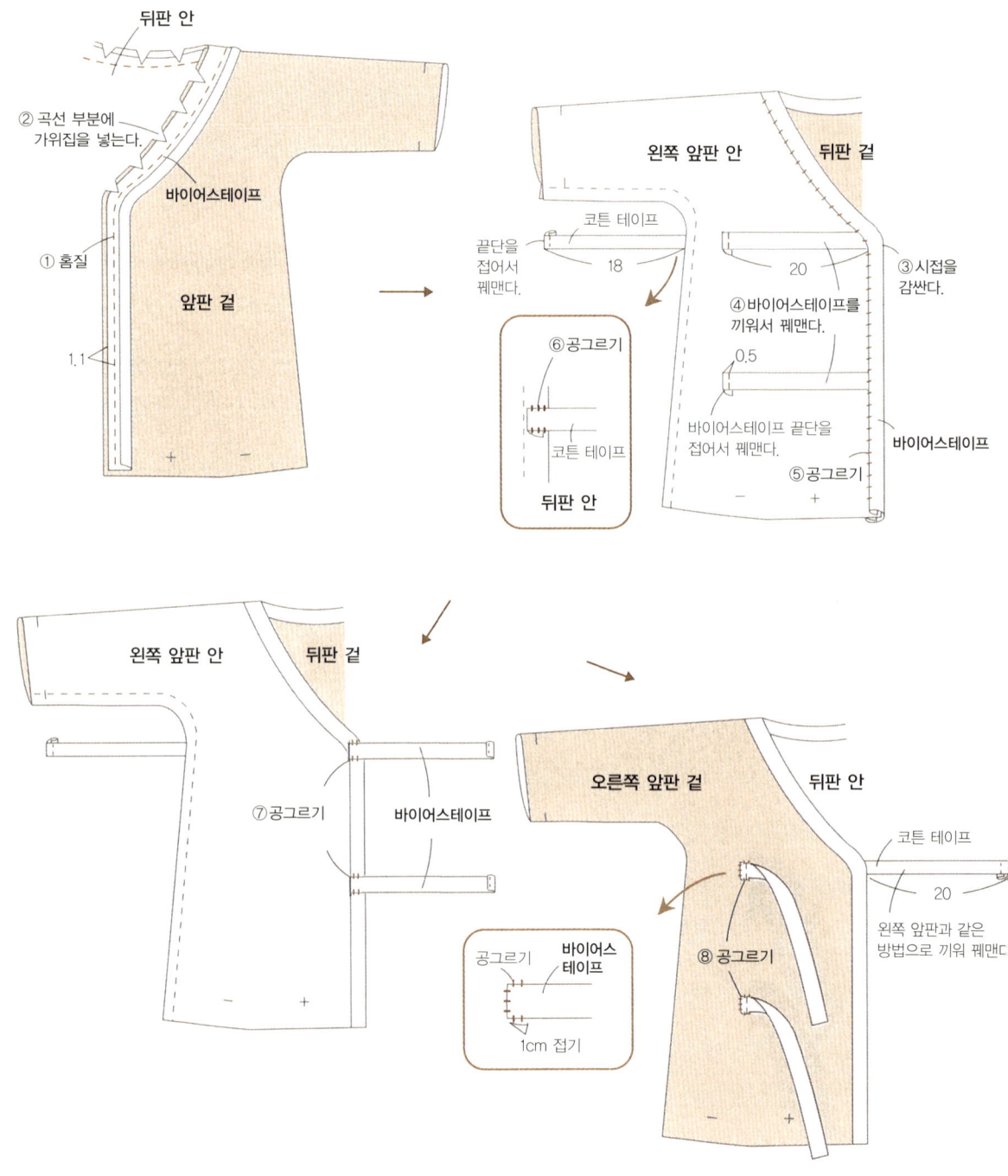

뒤판 안

② 곡선 부분에
가위집을 넣는다.

바이어스테이프

① 홈질

앞판 겉

1.1

왼쪽 앞판 안

뒤판 겉

코튼 테이프

끝단을
접어서
꿰맨다.

18

20

③ 시접을
감싼다.

④ 바이어스테이프를
끼워서 꿰맨다.

0.5

⑥ 공그르기

코튼 테이프

뒤판 안

바이어스테이프 끝단을
접어서 꿰맨다.

바이어스테이프

⑤ 공그르기

왼쪽 앞판 안

뒤판 겉

⑦ 공그르기

바이어스테이프

공그르기

바이어스
테이프

1cm 접기

오른쪽 앞판 겉

뒤판 안

코튼 테이프

20

왼쪽 앞판과 같은
방법으로 끼워 꿰맨다

⑧ 공그르기

46

4 소맷부리를 꿰맨다.

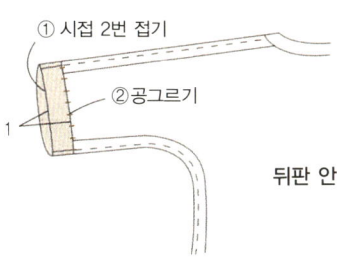

① 시접 2번 접기

② 공그르기

1

뒤판 안

5 밑단 옷자락을 꿰맨다.

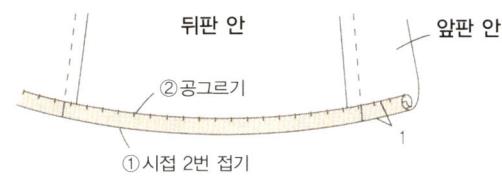

뒤판 안　　　　　앞판 안

② 공그르기

① 시접 2번 접기

1

6 베이비 드레스 완성!

세레모니 드레스,
베이비 슈즈 & 보닛

D

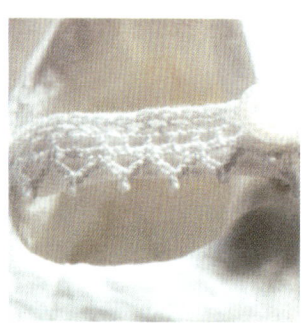

추억의 앤티크 드레스처럼 청순하고 멋진 아기 드레스 세트.

탄생의 기쁜 마음을 가득 담아 만드는 특별한 날을 위한 드레스입니다.

우아한 레이스가 장밋빛 아기 볼을 돋보이게 해 줍니다.

코튼 실크로 만들어서 조금은 광택감이 있는데

아기가 태어난 계절에 맞춰서 소재를 바꿔도 좋습니다.

작은 베이비 슈즈와 모자 보닛은 선물로도 인기만점입니다.

아기 백일이나 돌잔치를 위해 세트로 준비해 보세요.

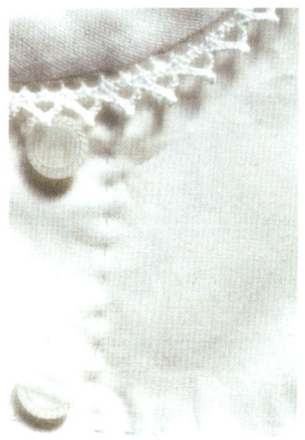

How to make
세레모니 드레스

🟤 **세레모니 드레스, 베이비 슈즈＆보닛 재단하기**

단위 cm
수치만큼의 시접을 포함해서 재단한다.

코튼 실크

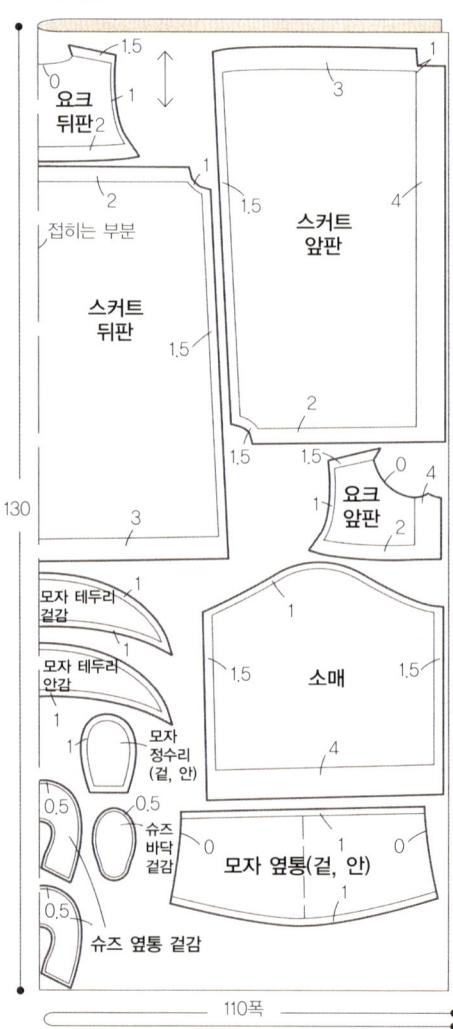

퀼팅 천

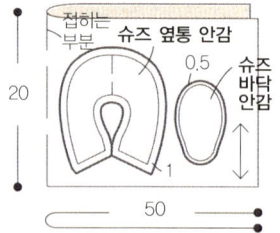

🟤 **세레모니 드레스, 베이비 슈즈＆보닛 재료**

코튼 실크 110cm 폭 1m 30cm
퀼팅 천 20×50cm
거즈 바이어스테이프 테두리용(1.1cm 폭) 2m 50cm
레이스(1.5cm 폭) 1m 30cm
레이스(2.5cm 폭) 1m 10cm
단추(1.2cm) 9개
스냅 단추 9개
고무 테이프(0.5cm 폭) 30cm
흰색 손바느질용 실

🟤 **부록** 실물 옷본 A면

🟤 **세레모니 드레스 바느질 순서**

1

요크 앞판에 1.5cm 폭 레이스를 붙이고 쌈솔로 어깨를 이어 붙인다.

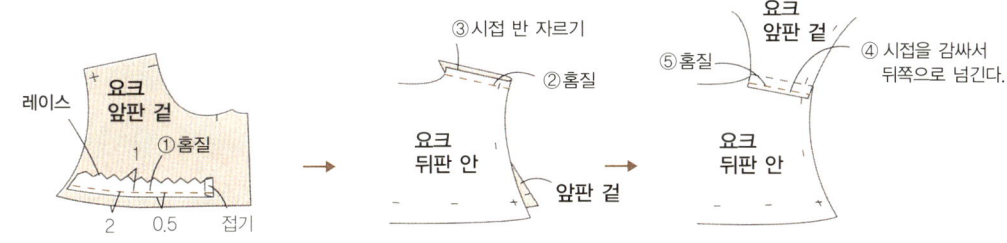

레이스
요크
앞판 겉
① 홈질
1
2   0.5   접기

③ 시접 반 자르기
② 홈질
요크
뒤판 안
앞판 겉

요크
앞판 겉
⑤ 홈질
④ 시접을 감싸서
뒤쪽으로 넘긴다.
요크
뒤판 안

2

스커트에 개더를 잡는다.

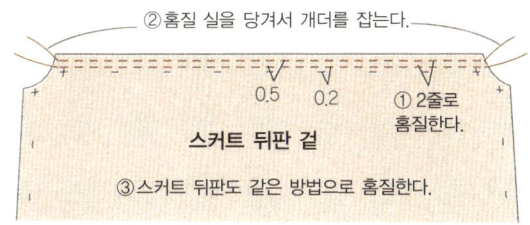

② 홈질 실을 당겨서 개더를 잡는다.
0.5   0.2   ① 2줄로
홈질한다.
스커트 뒤판 겉
③ 스커트 뒤판도 같은 방법으로 홈질한다.

3

요크와 스커트를 붙인다.

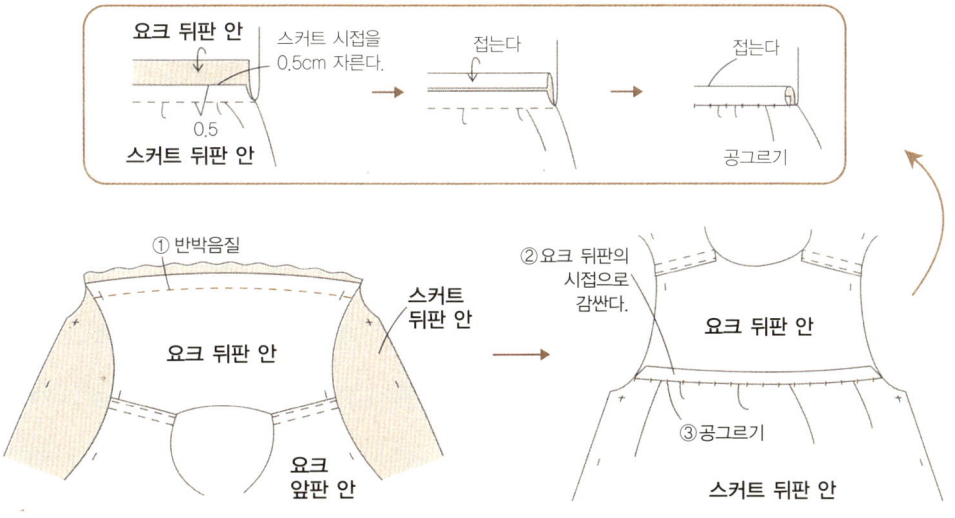

요크 뒤판 안
스커트 시접을
0.5cm 자른다.
0.5
스커트 뒤판 안

접는다

접는다
공그르기

① 반박음질
스커트
뒤판 안
요크 뒤판 안
요크
앞판 안

② 요크 뒤판의
시접으로
감싼다.
요크 뒤판 안
③ 공그르기
스커트 뒤판 안

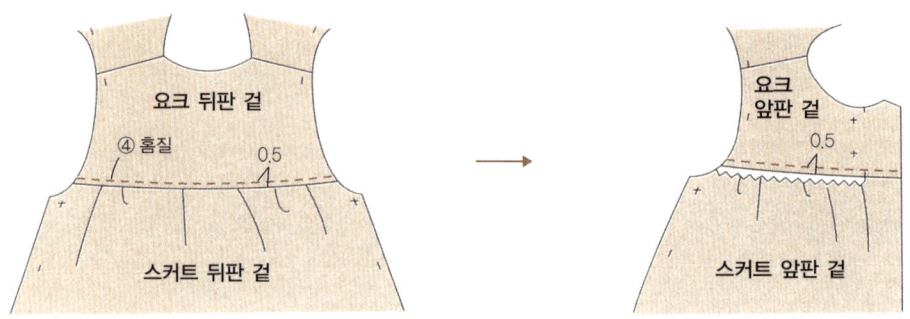

⑤앞쪽도 같은 방법으로 바느질한다.

4 소매산에 개더를 잡은 후 몸판에 붙인다.

5 소매 옆선과 겨드랑이를 쌈솔로 바느질한다.

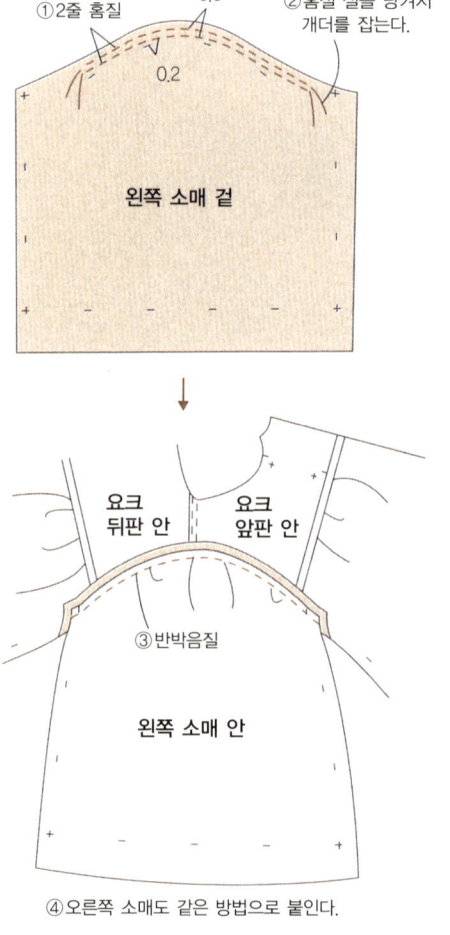

①2줄 홈질   0.5   ②홈질 실을 당겨서 개더를 잡는다.

0.2

왼쪽 소매 겉

요크 뒤판 안   요크 앞판 안

③반박음질

왼쪽 소매 안

④오른쪽 소매도 같은 방법으로 붙인다.

①겨드랑이의 시접을 바이어스테이프로 감싸서 공그르기한다.

②시접은 요크 쪽으로 넘긴다.

왼쪽 소매 안

스커트 뒤판 안   스커트 앞판 겉

고무 테이프 넣을 구멍을 남기고 바느질한다.

③홈질

④시접의 반을 자른다.

⑤시접을 감싸서 뒤쪽으로 넘긴다.

⑥홈질

스커트 뒤판 안   스커트 앞판 안

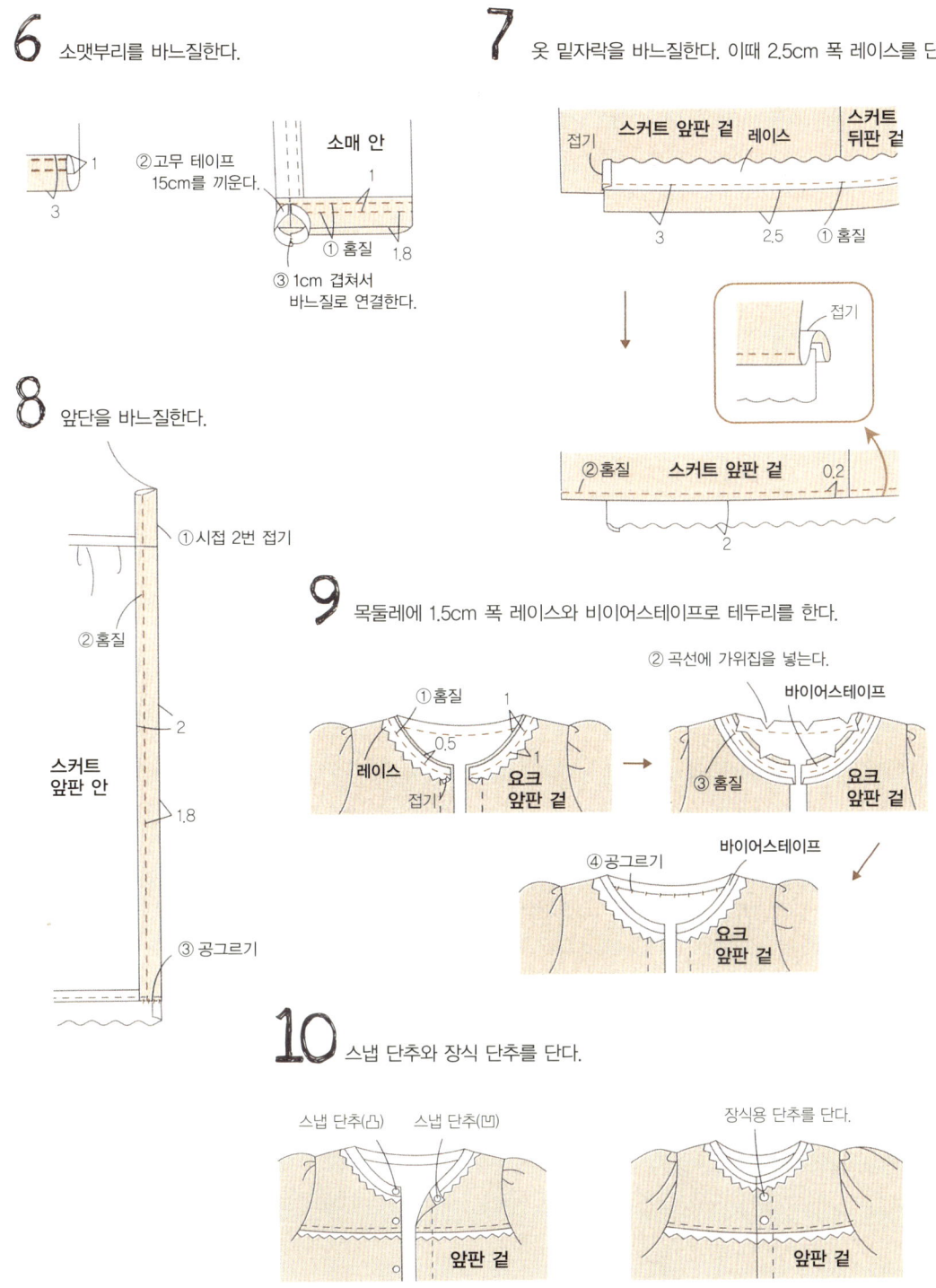

6 소맷부리를 바느질한다.

② 고무 테이프 15cm를 끼운다.

소매 안

① 홈질

③ 1cm 겹쳐서 바느질로 연결한다.

7 옷 밑자락을 바느질한다. 이때 2.5cm 폭 레이스를 단다.

접기   스커트 앞판 겉   레이스   스커트 뒤판 겉

① 홈질

접기

② 홈질   스커트 앞판 겉   0.2

8 앞단을 바느질한다.

① 시접 2번 접기

② 홈질

스커트 앞판 안

③ 공그르기

9 목둘레에 1.5cm 폭 레이스와 비이어스테이프로 테두리를 한다.

② 곡선에 가위집을 넣는다.

① 홈질

레이스   요크 앞판 겉

접기

바이어스테이프

③ 홈질   요크 앞판 겉

④ 공그르기   바이어스테이프

요크 앞판 겉

10 스냅 단추와 장식 단추를 단다.

스냅 단추(凸)   스냅 단추(凹)

앞판 겉

장식용 단추를 단다.

앞판 겉

베이비 슈즈

🥚 **부록** 실물 옷본 A면
재료와 재단하기는 50쪽에 있습니다.

1 옆통 만들기

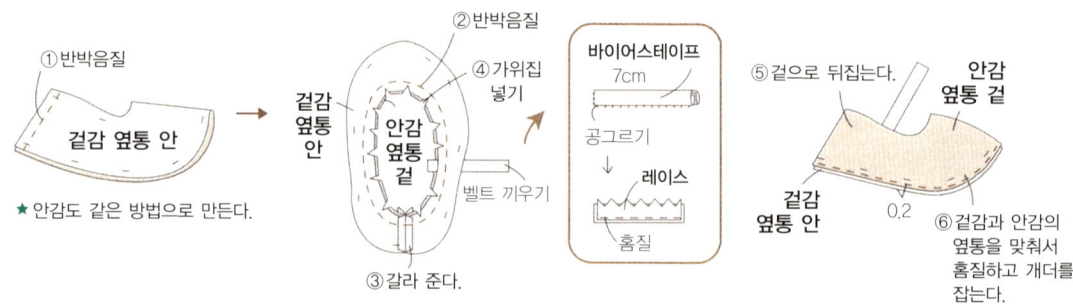

① 반박음질
겉감 옆통 안
★ 안감도 같은 방법으로 만든다.

② 반박음질
④ 가위집 넣기
겉감 옆통 안
안감 옆통 겉
벨트 끼우기
③ 갈라 준다.

바이어스테이프
7cm
공그르기
↓
레이스
홈질

⑤ 겉으로 뒤집는다.
안감 옆통 겉
겉감 옆통 안
0.2
⑥ 겉감과 안감의 옆통을 맞춰서 홈질하고 개더를 잡는다.

2 옆통과 바닥 만들기

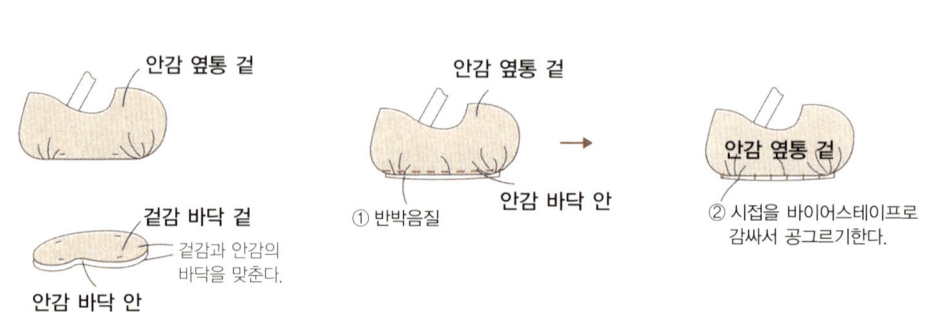

안감 옆통 겉
겉감 바닥 겉
안감 바닥 안
겉감과 안감의 바닥을 맞춘다.

안감 옆통 겉
① 반박음질
안감 바닥 안

안감 옆통 겉
② 시접을 바이어스테이프로 감싸서 공그르기한다.

3 옆통 스냅 단추와 장식 단추를 단다.

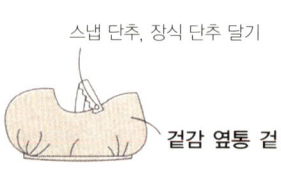

스냅 단추, 장식 단추 달기
겉감 옆통 겉
★ 스냅 단추는 발 크기에 맞춰서 단다.

How to make

보닛

🌰 **부록** 실물 옷본 A면
재료와 재단하기는 50쪽에 있습니다.

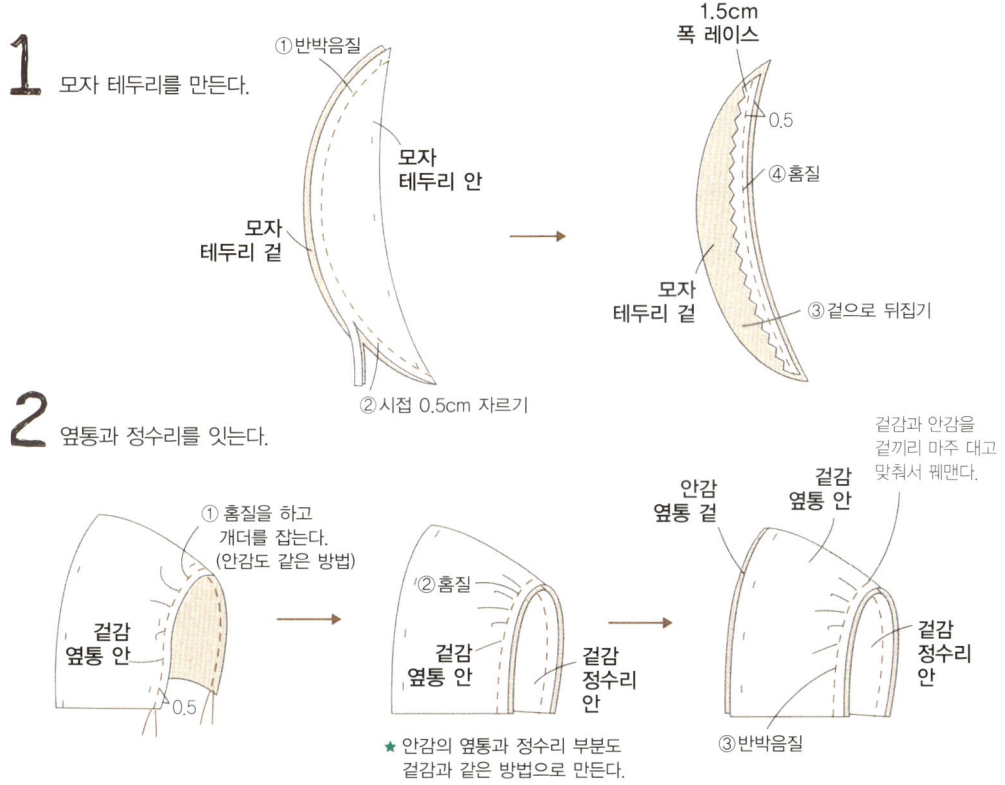

1 모자 테두리를 만든다.

① 반박음질
모자 테두리 안
모자 테두리 겉
② 시접 0.5cm 자르기

1.5cm 폭 레이스
0.5
④ 홈질
모자 테두리 겉
③ 겉으로 뒤집기

2 옆통과 정수리를 잇는다.

① 홈질을 하고 개더를 잡는다.
(안감도 같은 방법)
겉감 옆통 안
0.5

② 홈질
겉감 옆통 안
겉감 정수리 안
★ 안감의 옆통과 정수리 부분도 겉감과 같은 방법으로 만든다.

겉감과 안감을 겉끼리 마주 대고 맞춰서 꿰맨다.
안감 옆통 겉
겉감 옆통 안
겉감 정수리 안
③ 반박음질

3 옆통과 모자 테두리를 잇고 밑자락에 끈을 단다.

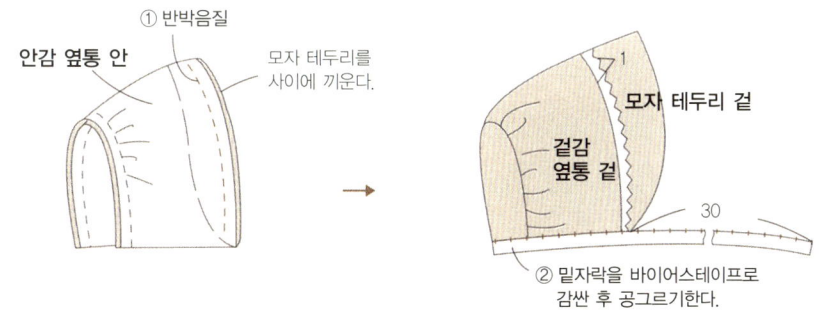

① 반박음질
안감 옆통 안
모자 테두리를 사이에 끼운다.

모자 테두리 겉
겉감 옆통 겉
30
② 밑자락을 바이어스테이프로 감싼 후 공그르기한다.

TWO

6~12개월

작은 천사들의 성장기.
사랑스러운 몸짓이 무척이나 귀여운 내 아기.
천사와 같이 웃는 얼굴에 부드러움을
더해 주는 이야기를 만들어 주고 싶습니다.

탈부착 턱받이 커버올

고운 하늘색에 새가 프린트된

소박한 더블 거즈로 멋진 커버올을 만듭니다.

앞단추에서 가랑이까지는 줄 스냅 단추를 사용해서

꿰매는 것이나 입히는 것 모두 간단합니다.

세일러 느낌의 리버시블 턱받이는

어깨 단추로 탈부착이 가능해 더러워지면

떼어낼 수 있어서 실용적입니다.

어러 장의 턱받이를 만들어 두고

새하얀 턱받이를 하게 하면

엄마와 아기 모두 언제나 즐거울 듯.

탈부착 턱받이 커버올

프린트 더블 거즈

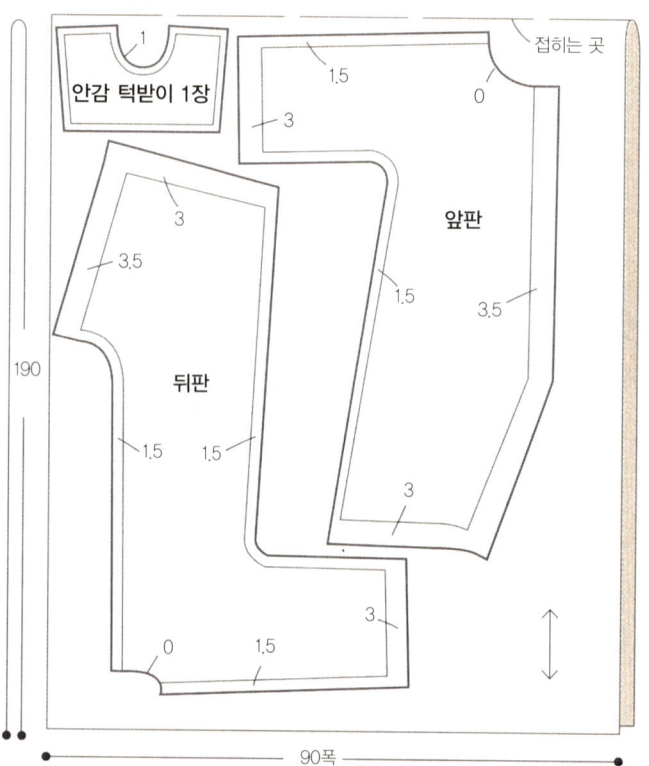

접히는 곳

안감 턱받이 1장

1.5

3

0

1.5

앞판

3

3

3.5

1.5

3.5

뒤판

190

1.5

1.5

3

0

1.5

3

90폭

코튼

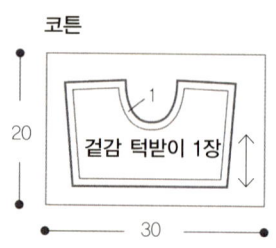

겉감 턱받이 1장

20

30

1

- 🟤 **탈부착 턱받이 커버올 재료**

  프린트 더블 거즈 90cm 폭 1m 90cm
  코튼 20×30cm
  거즈 바이어스테이프 테두리용(1.1cm 폭) 40cm
  레이스(1.5cm 폭) 50cm
  단추(1.5cm) 4개
  줄 스냅 단추 90cm
  고무 테이프(0.5cm 폭) 60cm
  흰색, 하늘색 손바느질용 실

- 🟤 **탈부착 턱받이 커버올 재단하기**

  단위 cm
  수치만큼의 시접을 포함해서 재단한다.

- 🟤 **부록** 실물 옷본 A면

- 🟤 **탈부착 턱받이 커버올 바느질 순서**

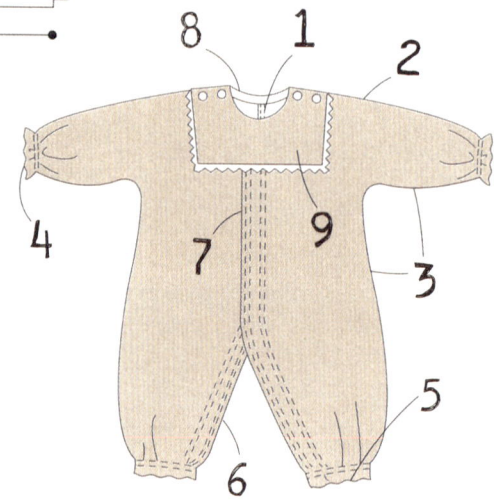

1 뒤 중심을 쌈솔로 연결한다.

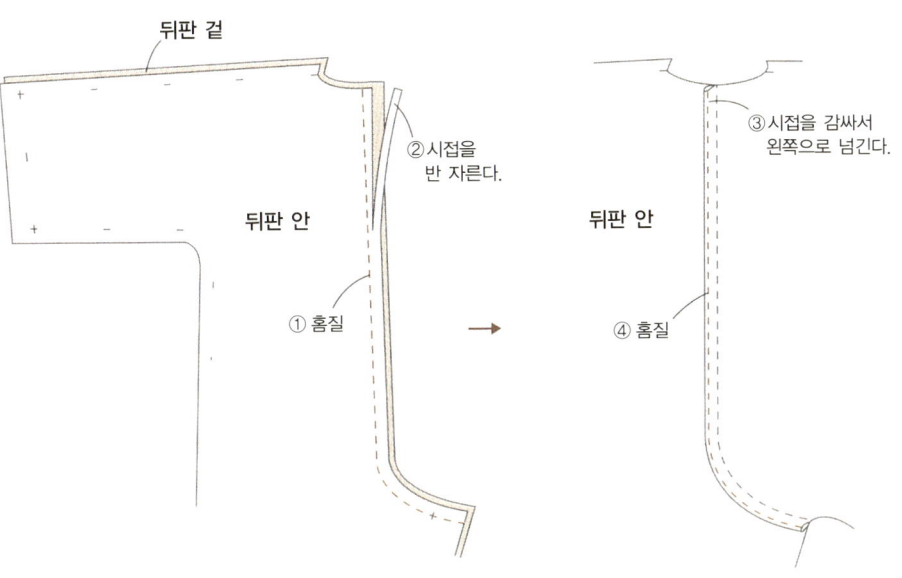

뒤판 겉

② 시접을
반 자른다.

뒤판 안

① 홈질

③ 시접을 감싸서
왼쪽으로 넘긴다.

뒤판 안

④ 홈질

2 어깨를 쌈솔로 바느질한다.

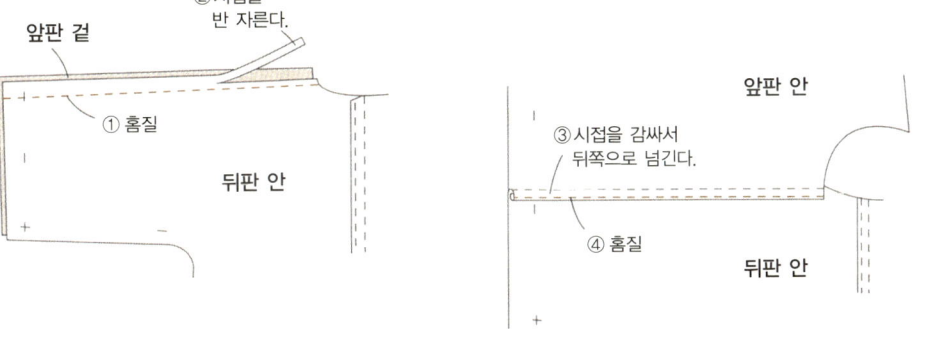

② 시접을
반 자른다.

앞판 겉

① 홈질

뒤판 안

③ 시접을 감싸서
뒤쪽으로 넘긴다.

앞판 안

④ 홈질

뒤판 안

3 옆선과 겨드랑이를 쌈솔로 바느질한다.

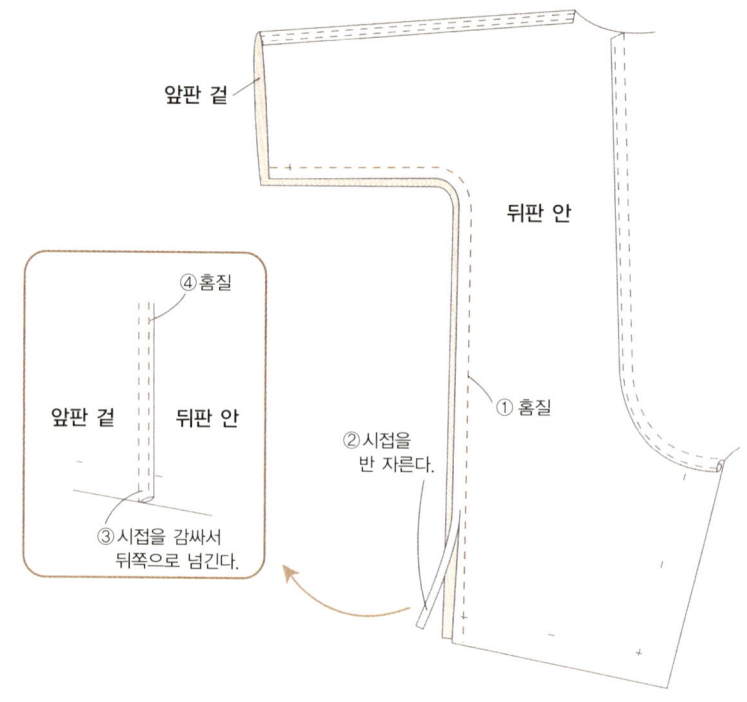

앞판 겉

뒤판 안

④ 홈질

앞판 겉   뒤판 안

③ 시접을 감싸서
뒤쪽으로 넘긴다.

② 시접을
반 자른다.

① 홈질

4 소맷부리를 바느질한다.

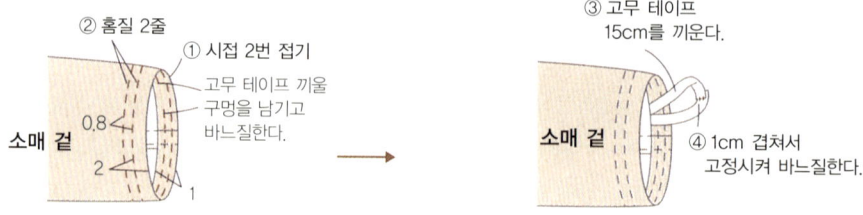

② 홈질 2줄

① 시접 2번 접기

고무 테이프 끼울
구멍을 남기고
바느질한다.

소매 겉

0.8

2

1

③ 고무 테이프
15cm를 끼운다.

소매 겉

④ 1cm 겹쳐서
고정시켜 바느질한다.

5 옷 밑자락을 바느질한다.

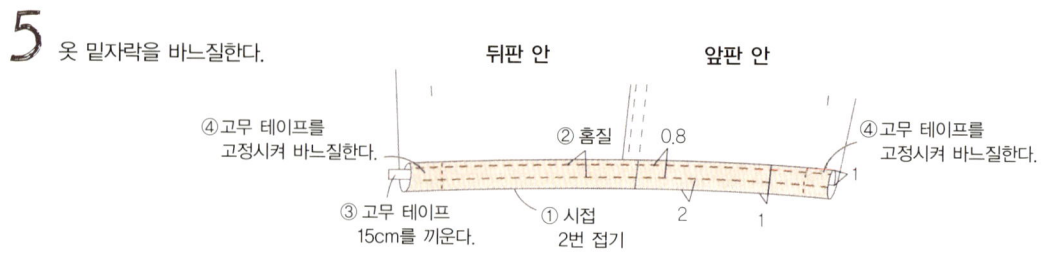

뒤판 안

앞판 안

④고무 테이프를
고정시켜 바느질한다.

② 홈질

0.8

④고무 테이프를
고정시켜 바느질한다.

1

③ 고무 테이프
15cm를 끼운다.

① 시접
2번 접기

2

1

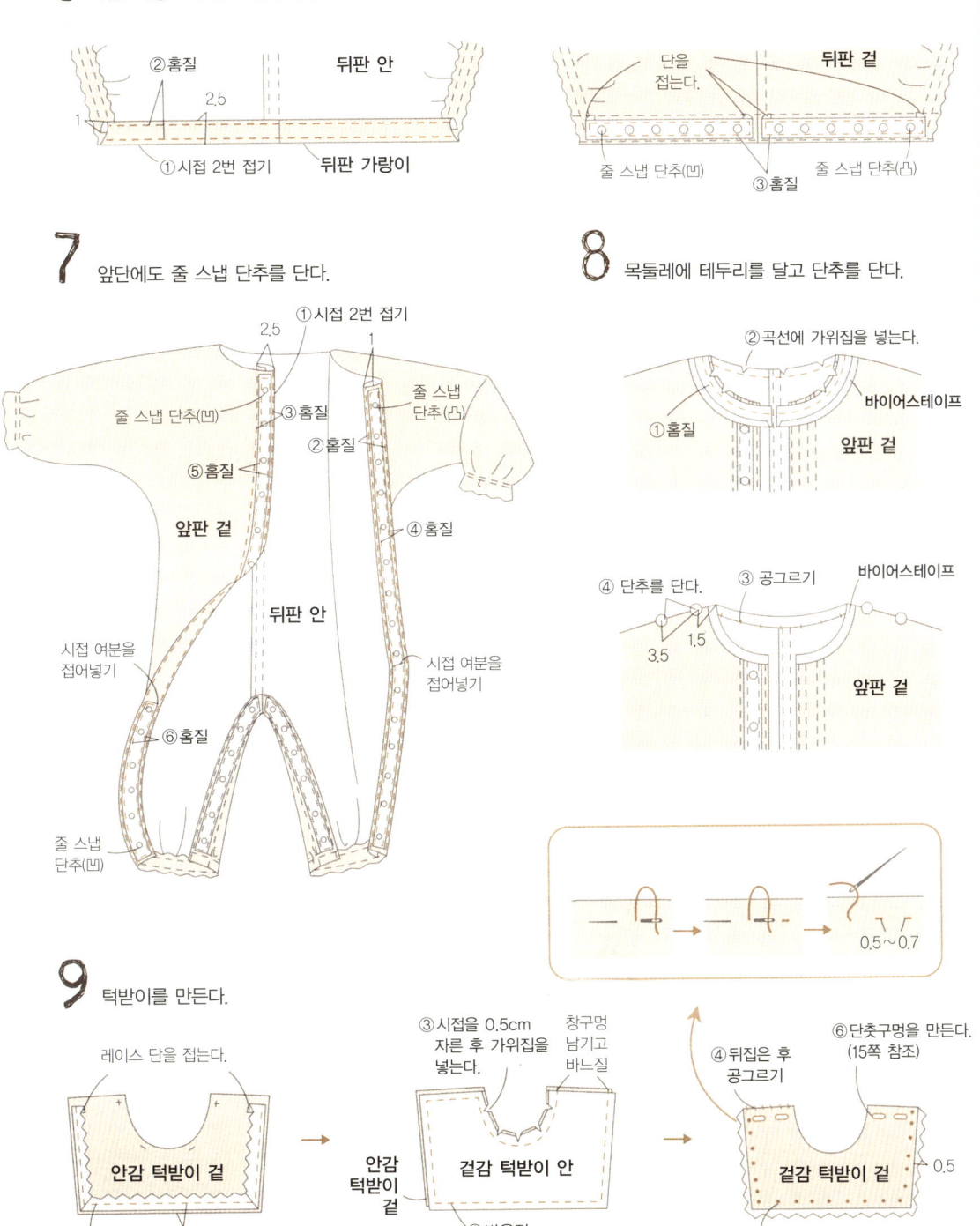

6 뒤판 가랑이에 줄 스냅 단추를 단다.

②홈질
뒤판 안
2.5
①시접 2번 접기
뒤판 가랑이
1

단을
접는다.
뒤판 겉
줄 스냅 단추(凹)
③홈질
줄 스냅 단추(凸)

7 앞단에도 줄 스냅 단추를 단다.

①시접 2번 접기
2.5
1
줄 스냅 단추(凹)
③홈질
②홈질
줄 스냅
단추(凸)
⑤홈질
④홈질
앞판 겉
뒤판 안
시접 여분을
접어넣기
시접 여분을
접어넣기
⑥홈질
줄 스냅
단추(凹)

8 목둘레에 테두리를 달고 단추를 단다.

②곡선에 가위집을 넣는다.
바이어스테이프
①홈질
앞판 겉

④ 단추를 단다.
③ 공그리기
바이어스테이프
3.5
1.5
앞판 겉

0.5~0.7

9 턱받이를 만든다.

레이스 단을 접는다.
안감 턱받이 겉
①홈질
1

③시접을 0.5cm
자른 후 가위집을
넣는다.
창구멍
남기고
바느질
겉감 턱받이 안
안감
턱받이
겉
②박음질

⑥단춧구멍을 만든다.
(15쪽 참조)
④뒤집은 후
공그리기
겉감 턱받이 겉
0.5
⑤ 스티치 넣기

꿀벌 장식 턱받이

여러 장 만들어 놓으면 편리한
아기의 필수품 턱받이.
간단하게 만들 수 있어서
손바느질이 처음인 사람에게 추천!
가장자리에 두른 동글동글한 테이프가
심플한 물방울 무늬와 어울려
귀여움을 더해 줍니다.
바이어스테이프로 만든 끈은
거즈 소재라 살갗에 닿을 때 부드러워서
아기도 안심하고 쓸 수 있습니다.

How to make

꿀벌 장식 턱받이

● **부록** 실물 옷본 B면

● **꿀벌 장식 턱받이 A 재단하기**

단위 cm

수치만큼의 시접을 포함해서 재단한다.

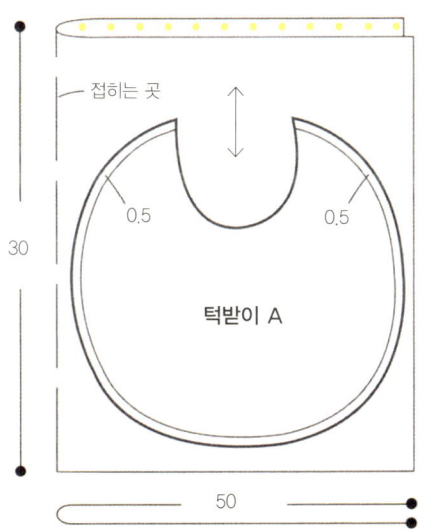

接히는 곳

30

0.5   0.5

턱받이 A

50

● **꿀벌 장식 턱받이 재료**

프린트 스무스 천 30×50cm

동글동글 장식 테이프 70cm

거즈 바이어스테이프(1.1cm 폭) 80cm

꿀벌 모티브 1개

녹색 25번 자수실

흰색 손바느질용 실

● **꿀벌 장식 턱받이의 바느질 순서**

1 재단하기

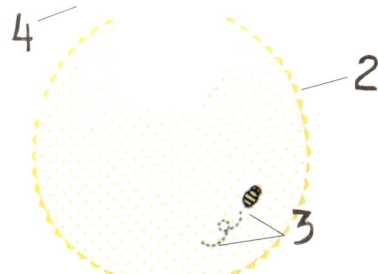

4   2

3

● **꿀벌 장식 턱받이 B 재단하기**

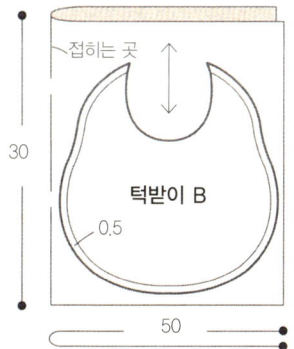

접히는 곳

30

0.5

턱받이 B

50

★ 만드는 방법은 턱받이 A와 같습니다.

1 마름질한다.

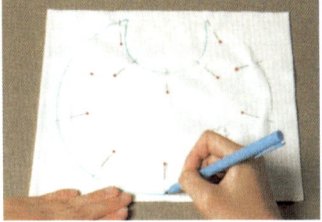

① 앞쪽의 재단하기를 참조해서 겉감끼리 마주 대고 천에 옷본을 놓고, 시침핀으로 고정해서 수성펜으로 완성선을 그린다.

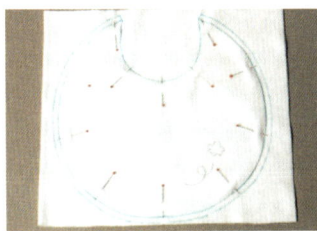

② 시접분을 표시한다.

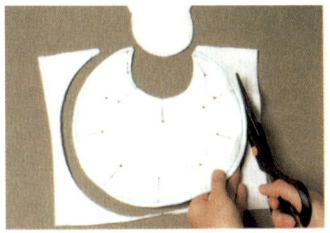

③ 시접선을 자른다.

2 자수를 놓고, 모티브를 단다.

④ 겉감과 안감을 잘라낸 상태

① 겉감 위에 먹지 → 도안(하트론지 등 투명한 종이에 베낀다) → 셀로판지 순서로 겹쳐서 연필로 베낀다.

② 6줄의 자수실로 러닝 스티치를 한다. (13쪽 자수법 참조)

3 겉감과 안감을 꿰맨다.

③ 꿀벌 모티브를 감침질로 달아 준다.

① 겉감의 완성선 위에 장식용 테이프를 홈질로 달아 준다.

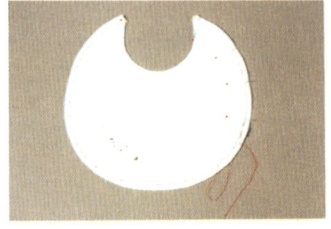

② 겉감과 안감을 겉끼리 마주 대고 홈질로 꿰맨다.

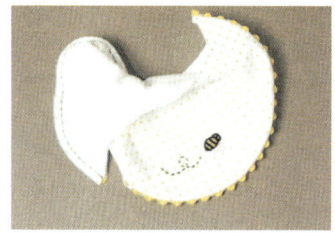

③ 목쪽을 이용해 뒤집은 다음 다리미로 형태를 정돈한다.

④ 완성선에서 0.2cm 지점을 홈질로 누벼 준다.

4 목둘레에 바이어스테이프를 달고 끈을 부착한다.

① 목 중심과 바이어스 테이프 중심에 표시를 한다. 겉감 쪽 목둘레 단과 바이어스테이프 단을 중심 표시에 맞춰 겉끼리 대고 겹쳐서 바이어스 테이프의 접히는 부분을 홈질한다.
그런 다음 바이어스테이프를 겉으로 뒤집어서 다림질한다.

② 안감 쪽으로 접어 넣고 다림질로 정돈한 다음 공그르기한다.

③ 바이어스테이프 끝은 0.8cm 안쪽으로 접는다.

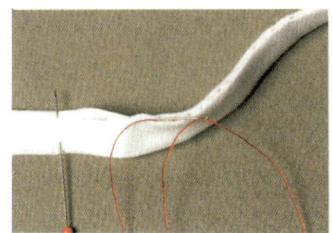

④ 끈 부분을 공그르기하면 완성!

블랭킷, 아기 베개 & 애벌레 인형

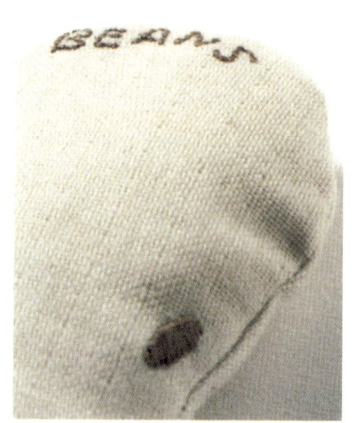

유기농 코튼으로 만든 아기 낮잠 3종 세트는

모두 피부에 닿는 감촉이 아주 좋습니다.

이것들만 있으면 아기가 푹 자고 쑥쑥 자라날 것만 같습니다.

블랭킷 주변의 직선 바느질은 미싱을 사용해도 됩니다.

가장자리에 블랭킷 스티치와 잎사귀 스티치를 넣으면

손바느질의 따뜻한 느낌이 더해집니다.

잎사귀 스티치는 천 사이에 끼운 얇은 퀼트심이

움직이지 않도록 눌러 주는 역할도 합니다.

How to make

블랭킷

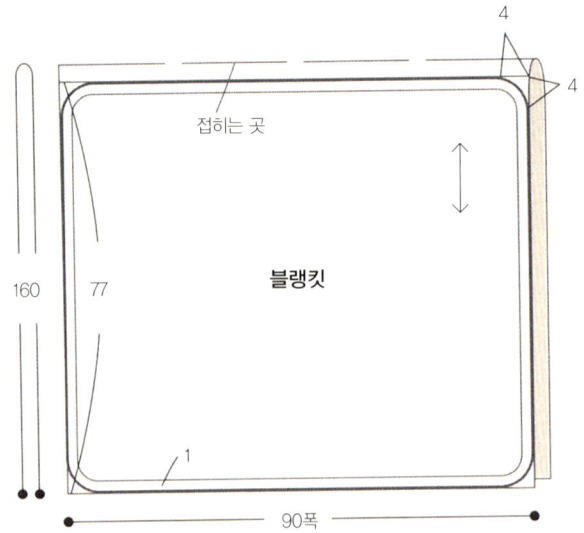

접히는 곳

블랭킷

4

4

160

77

1

90폭

블랭킷 재료

오가닉 코튼 파일 천(90cm 폭) 1m 60cm
얇은 퀼트심(90cm 폭) 80cm
녹색, 연녹색 25번 자수실
손바느질용 실

블랭킷 재단하기

단위 cm
블랭킷 실물 대형 본은 부록에 없으므로
천에 직접 재단한다.

부록 실물 자수 본 B면

블랭킷 바느질 순서

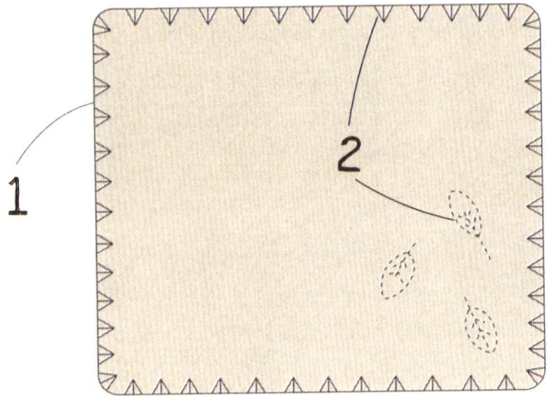

1

2

1

겉감과 안감을 겉끼리 대고 사면을 바느질한다.

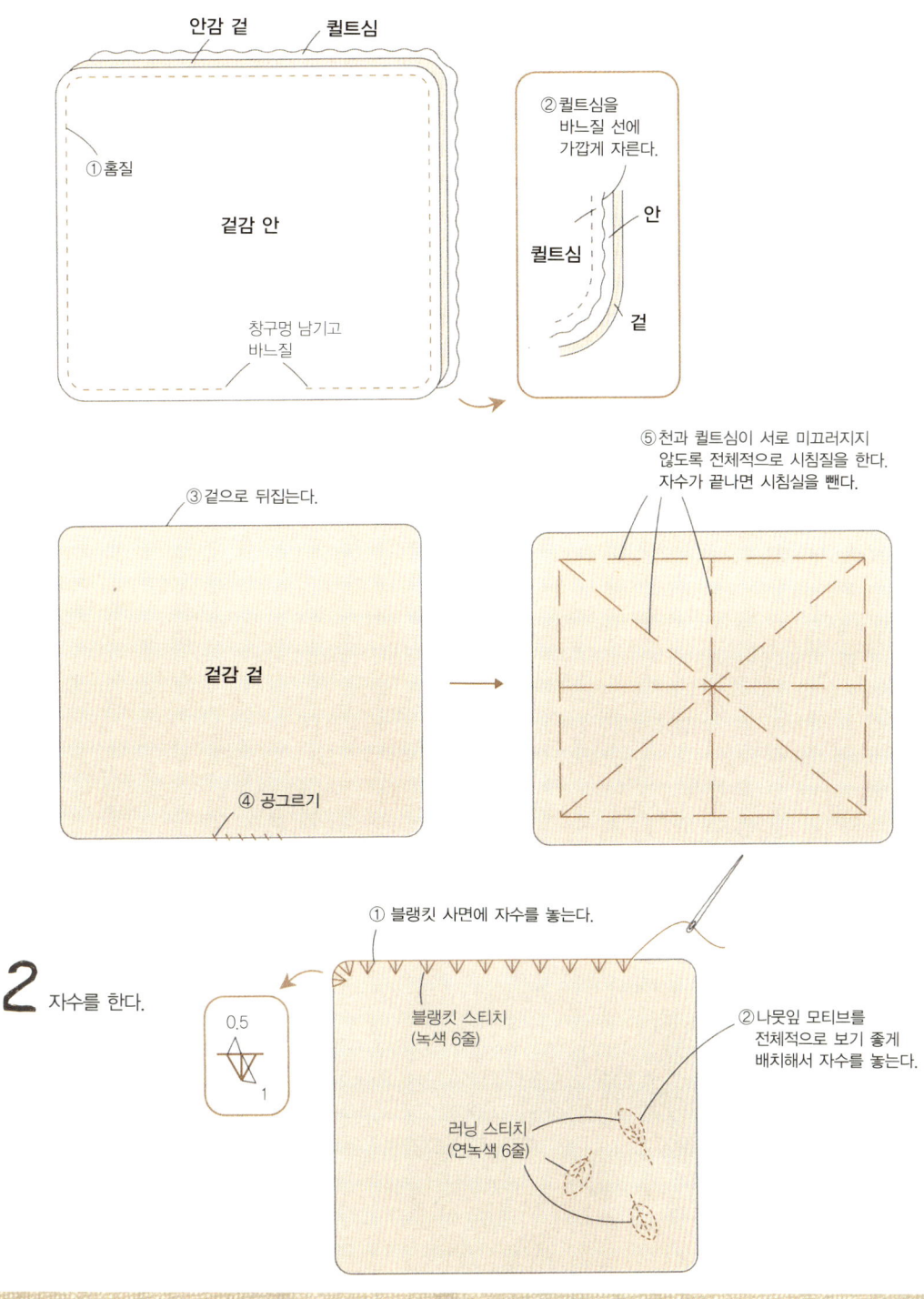

안감 겉   퀼트심

① 홈질

겉감 안

창구멍 남기고
바느질

② 퀼트심을
바느질 선에
가깝게 자른다.

안

퀼트심

겉

③ 겉으로 뒤집는다.

겉감 겉

④ 공그르기

⑤ 천과 퀼트심이 서로 미끄러지지
않도록 전체적으로 시침질을 한다.
자수가 끝나면 시침실을 뺀다.

2

자수를 한다.

0.5

1

① 블랭킷 사면에 자수를 놓는다.

블랭킷 스티치
(녹색 6줄)

러닝 스티치
(연녹색 6줄)

② 나뭇잎 모티브를
전체적으로 보기 좋게
배치해서 자수를 놓는다.

How to make

아기 베개

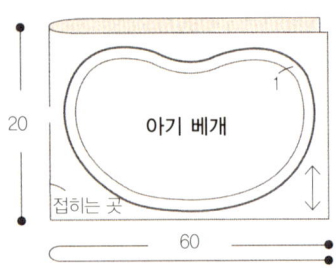

20

아기 베개

접히는 곳

60

💧 **아기 베개 재료**

오가닉 코튼 더블 거즈 20×60cm
솜, 갈색 25번 자수실
베이지색 손바느질용 실

💧 **아기 베개 재단하기**

단위 cm
수치의 시접을 넣어서 재단한다.

💧 **부록** 실물 옷본 B면

① 앞쪽만 자수를 한다.
새틴 스티치(갈색 6줄)

베개 겉

백 스티치
(갈색 6줄)

② 홈질

베개 겉

베개 안

창구멍 남기고
바느질

베개 겉

④뒤집어서
공그르기

③ 솜을 채운다.

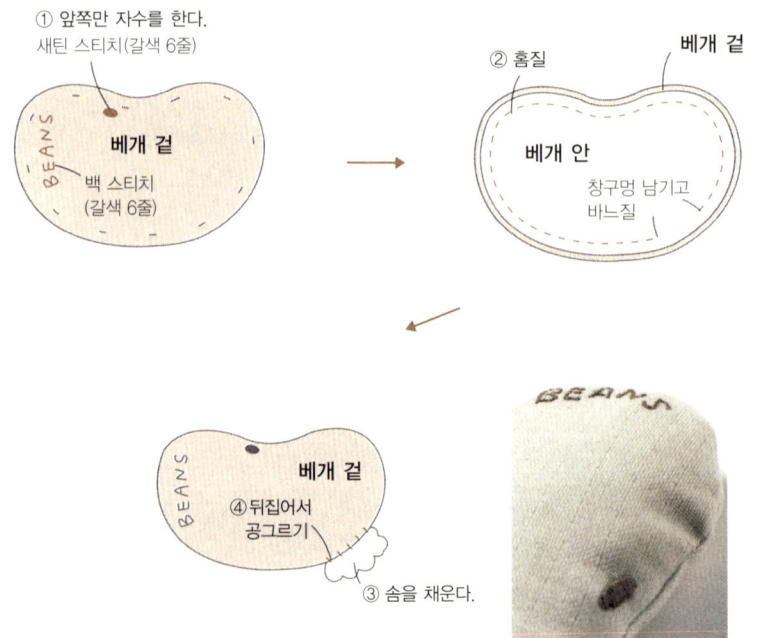

How to make

애벌레 인형

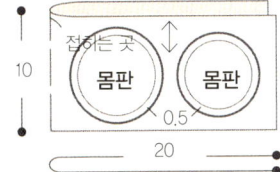

연베이지색, 진베이지색 천

접히는 곳
10
몸판 몸판
0.5
20

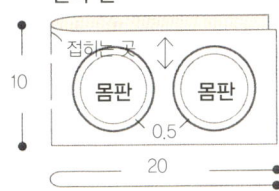

흰색 천

접히는 곳
10
몸판 몸판
0.5
20

🟤 **애벌레 인형 재료**

오가닉 코튼 파일 천
(흰색, 연베이지색, 진베이지색) 각 10×20cm

갈색 접착 펠트 약간
둥근 끈(0.3cm 굵기) 80cm
적갈색 25번 자수실,
흰색, 베이지색 손바느질용 실

🟤 **애벌레 인형 재단하기**

단위 cm
수치의 시접을 넣어서 재단한다.

🟤 **부록** 실물 옷본 B면

1 갈색 접착 펠트로 눈을 붙이고 머리를 만든다.

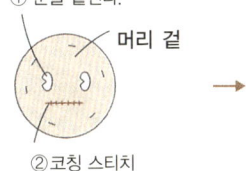

① 눈을 붙인다.
머리 겉
② 코칭 스티치
(적갈색 2줄)

③ 둥근 끈 5cm를
3줄 사이에 끼운다.
④ 홈질
머리 안 머리 겉
창구멍
남기고 바느질

3 묶는다
머리 겉 ⑥ 공그리기
⑤ 뒤집어서 솜을 채운다.

2 몸을 만든다.

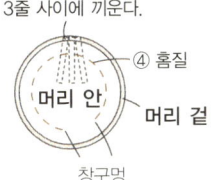

② 홈질 **몸 겉**
창구멍을 남기고
바느질
몸 안
①둥근 끈 6cm를
2줄 사이에 끼운다.

④ 뒤집어서 공그리기
몸 겉
4 ③ 솜을 채운다.
묶는다

3 머리와 몸을 맞춰서 이어 준다.

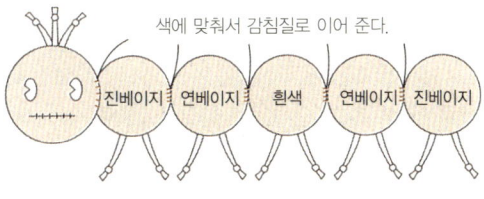

색에 맞춰서 감침질로 이어 준다.

진베이지 연베이지 흰색 연베이지 진베이지

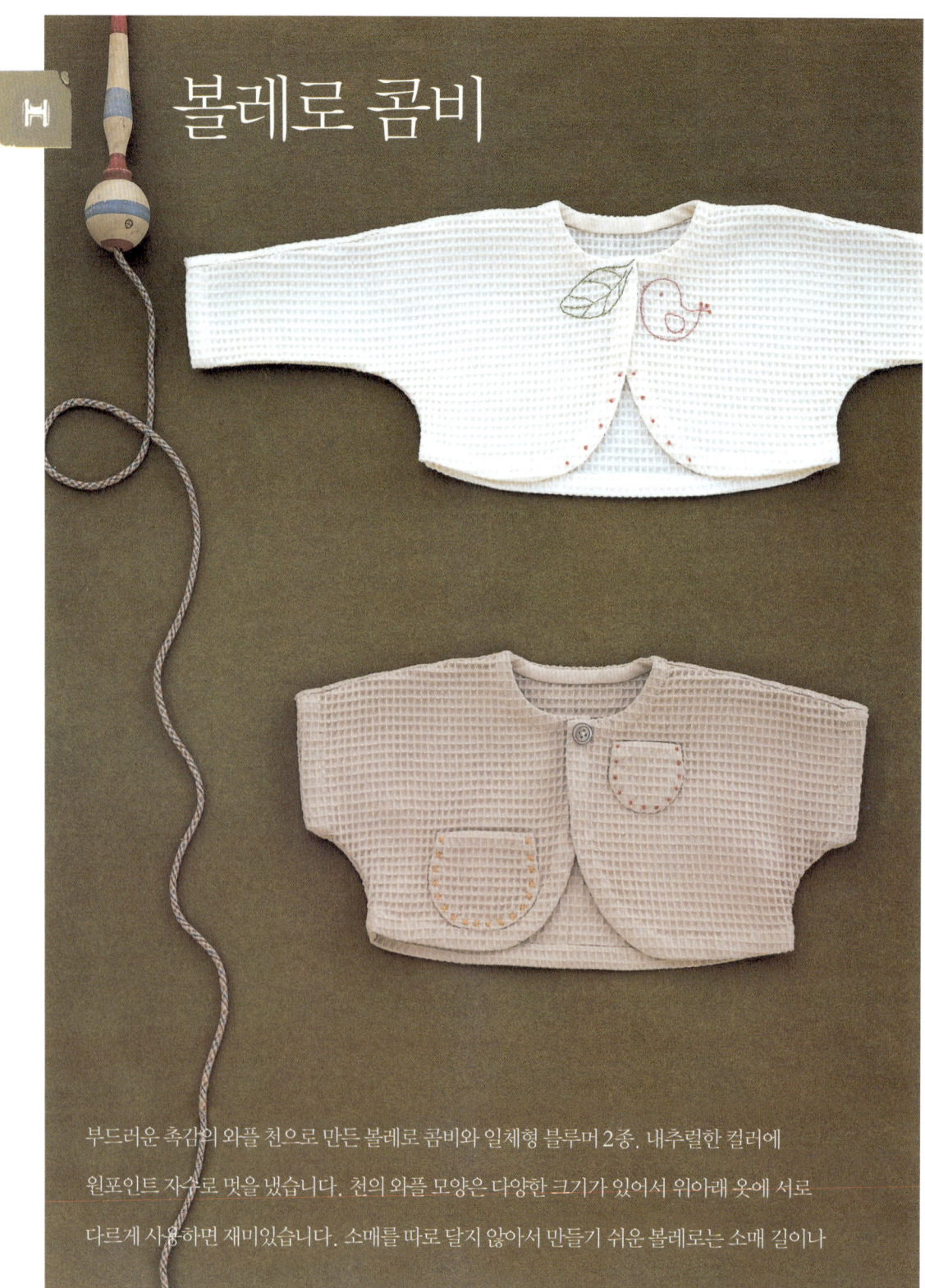

볼레로 콤비

부드러운 촉감의 와플 천으로 만든 볼레로 콤비와 일체형 블루머 2종. 내추럴한 컬러에

원포인트 자수로 멋을 냈습니다. 천의 와플 모양은 다양한 크기가 있어서 위아래 옷에 서로

다르게 사용하면 재미있습니다. 소매를 따로 달지 않아서 만들기 쉬운 볼레로는 소매 길이나

블루머 콤비

주머니 모양을 달리하면 자신만의 개성을 낼 수 있습니다.

부푼 엉덩이가 귀여운 일체형 블루머는 앞에 단추를 단 것과 어깨에 단추를 단 것

2종류로 만듭니다. 아기에게 볼레로와 블루머를 세트로 입히면 정말 귀엽습니다.

75

How to make

긴소매 볼레로

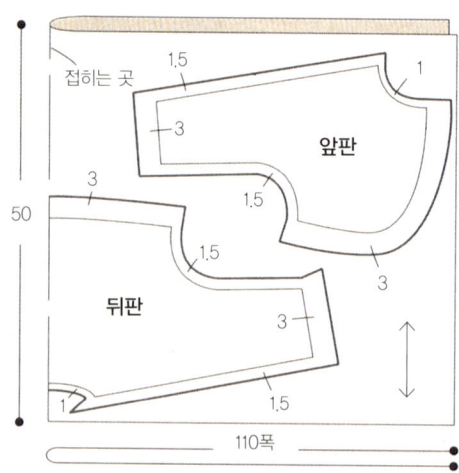

접히는 곳
앞판
뒤판
1.5
3
1
3
1.5
3
1.5
1.5
3
1
1.5
50
110폭

긴소매 볼레로 재료

와플 천 (110cm 폭) 50cm
오가닉 바이어스테이프(1.27cm 폭) 40cm
스냅 단추 1세트
분홍색, 진분홍색, 녹색 25번 자수실
손바느질용 실

긴소매 볼레로 재단하기

단위 cm
수치만큼의 시접을 포함해서 재단한다.

부록 실물 옷본 B면

긴소매 볼레로의 바느질 순서

병아리 장식 수놓기

왼쪽
앞중심
스트레이트
스티치
프렌치넛
스티치
스트레이트
스티치
백 스티치

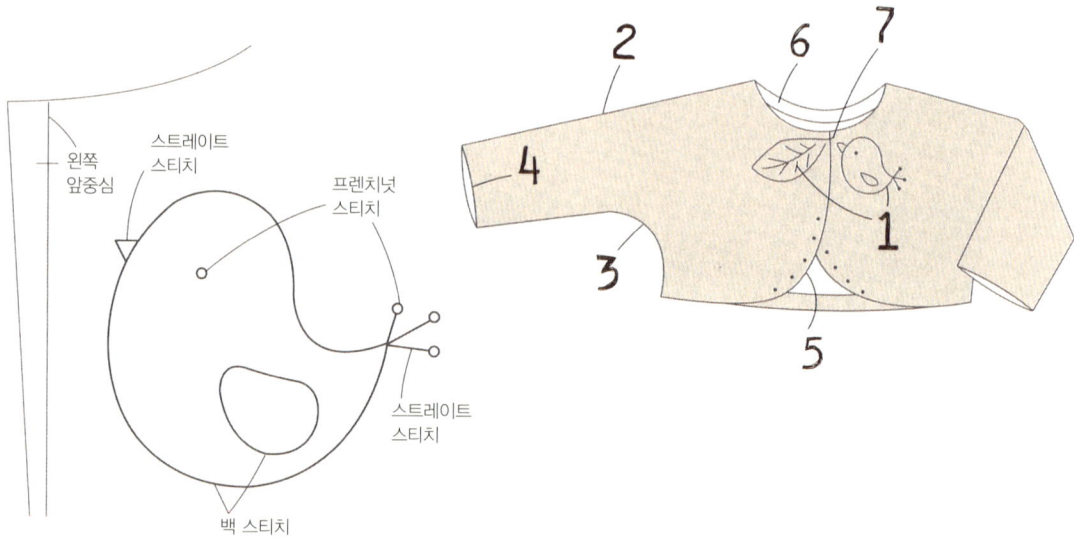

★ 실물 크기입니다.

1 먼저 자수를 놓는다.

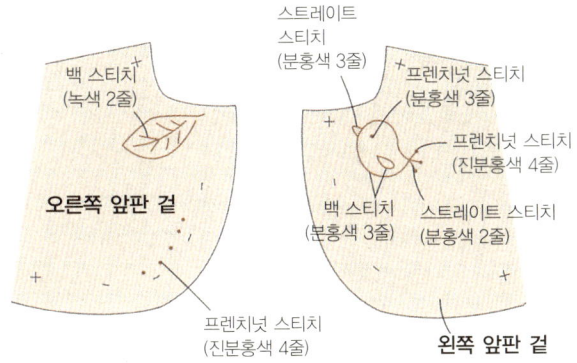

백 스티치
(녹색 2줄)

스트레이트
스티치
(분홍색 3줄)

프렌치넛 스티치
(분홍색 3줄)

프렌치넛 스티치
(진분홍색 4줄)

오른쪽 앞판 겉

백 스티치
(분홍색 3줄)

스트레이트 스티치
(분홍색 2줄)

프렌치넛 스티치
(진분홍색 4줄)

왼쪽 앞판 겉

2 어깨선을 쌈솔로 잇는다.

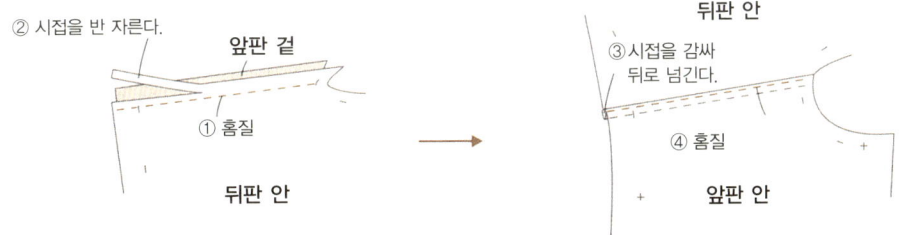

② 시접을 반 자른다.

앞판 겉

① 홈질

뒤판 안

뒤판 안

③ 시접을 감싸
뒤로 넘긴다.

④ 홈질

앞판 안

3 옆선과 겨드랑이를 쌈솔로 바느질한다.

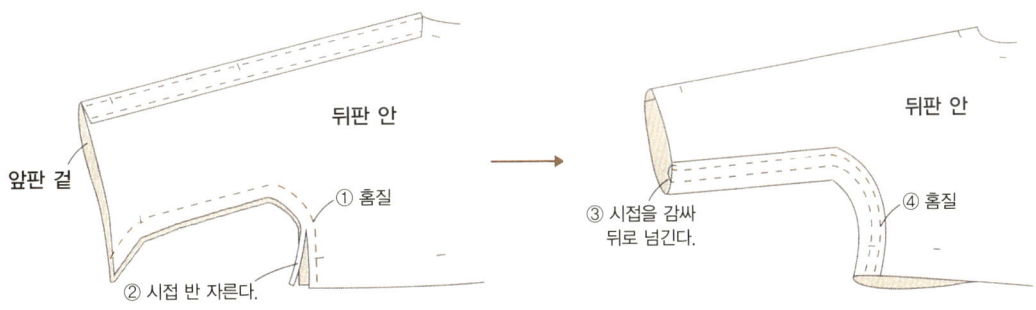

뒤판 안

앞판 겉

① 홈질

② 시접 반 자른다.

③ 시접을 감싸
뒤로 넘긴다.

④ 홈질

뒤판 안

4 소맷부리 바느질하기

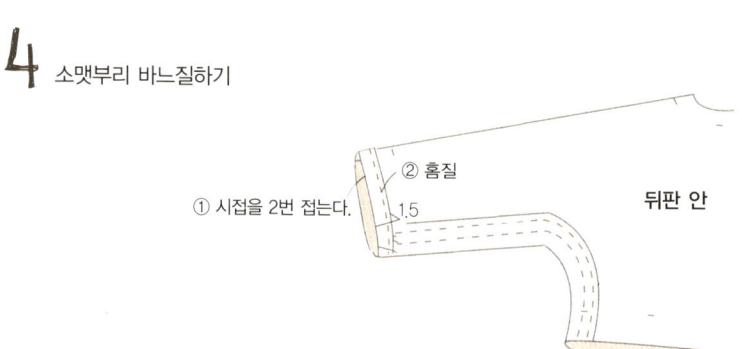

① 시접을 2번 접는다.　② 홈질　1.5　　뒤판 안

5 앞단, 옷자락을 바느질한다.

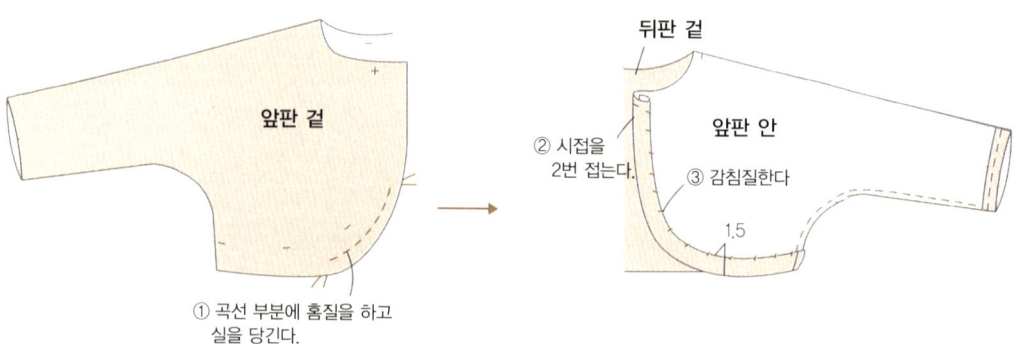

앞판 겉

① 곡선 부분에 홈질을 하고
실을 당긴다.

뒤판 겉

② 시접을
2번 접는다.　③ 감침질한다

앞판 안

1.5

6 목둘레에 바이어스테이프를 단다.

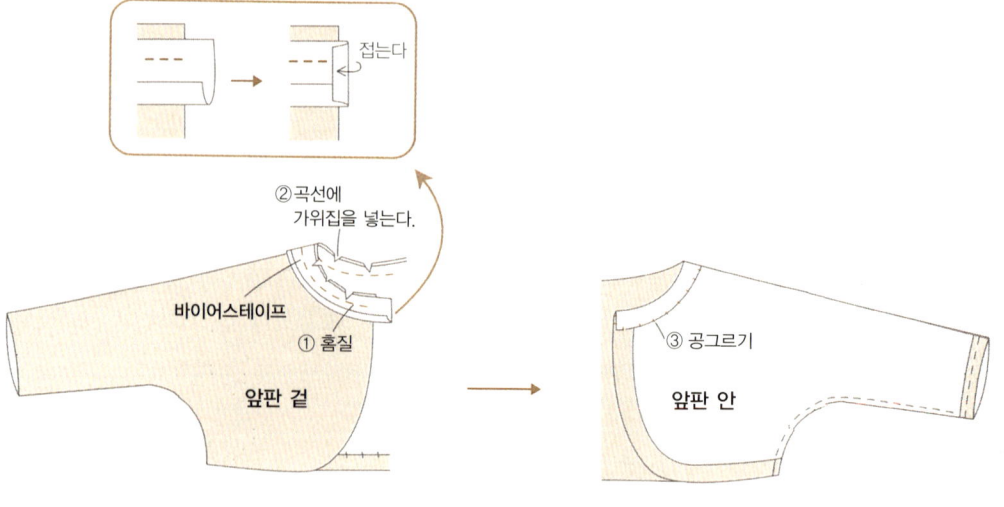

접는다

② 곡선에
가위집을 넣는다.

바이어스테이프

① 홈질

앞판 겉

③ 공그르기

앞판 안

7 스냅 단추를 단다.

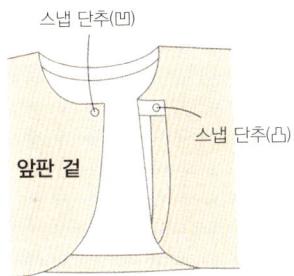

스냅 단추(凹)

스냅 단추(凸)

앞판 겉

[스냅 단추 바느질 방법]

바늘 한 땀 뜨기

매듭짓기

③빼기

④실로 만든 둥근 원 안에
바늘을 통과시킨다.

①빼기

②넣기

매듭짓기

How to make

반소매 볼레로

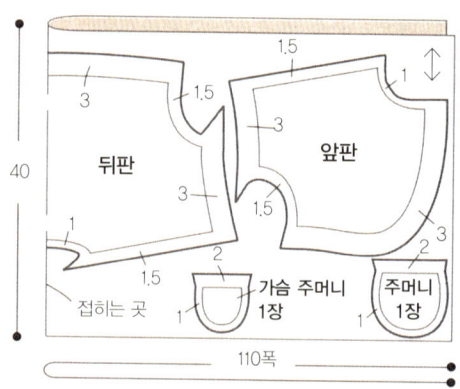

🍫 **반소매 볼레로 재료**

와플 천(110cm 폭) 40cm
오가닉 바이어스테이프(1.27cm 폭) 40cm
단추(1.5cm) 1개
스냅 단추 1세트
빨간색, 주황색 25번 자수실
베이지색 손바느질용 실

🍫 **반소매 볼레로 재단하기**

단위 cm
수치만큼의 시접을 포함해서 재단한다.

🍫 **부록** 실물 옷본 B면

🍫 **반소매 볼레로 바느질 순서**

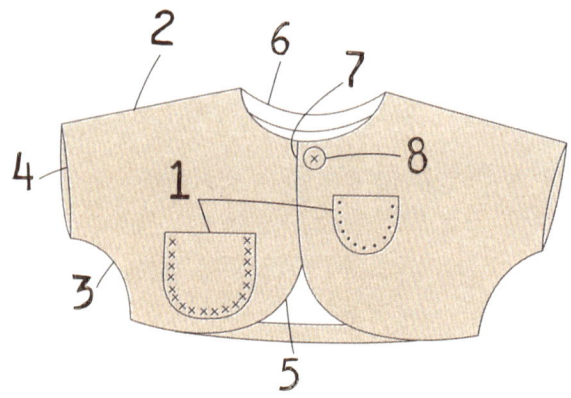

1 주머니, 가슴 주머니를 만들어 단다.

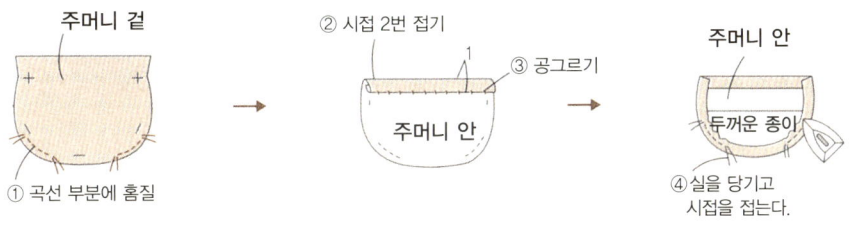

주머니 겉
① 곡선 부분에 홈질

② 시접 2번 접기
③ 공그르기
주머니 안

주머니 안
두꺼운 종이
④ 실을 당기고 시접을 접는다.

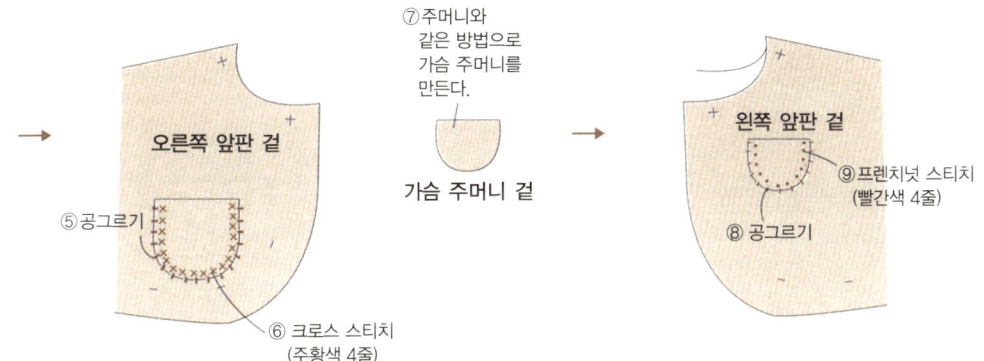

오른쪽 앞판 겉
⑤ 공그르기
⑥ 크로스 스티치 (주황색 4줄)

⑦ 주머니와 같은 방법으로 가슴 주머니를 만든다.
가슴 주머니 겉

왼쪽 앞판 겉
⑨ 프렌치넛 스티치 (빨간색 4줄)
⑧ 공그르기

2 어깨를 쌈솔 바느질로 잇는다.

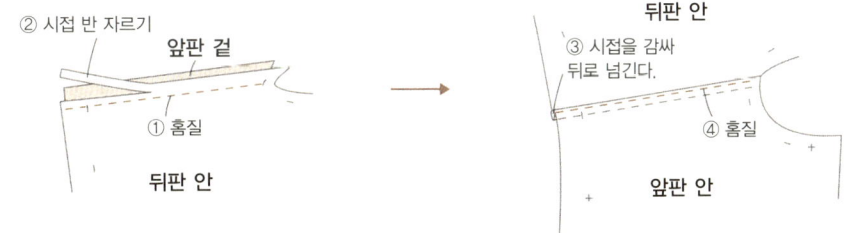

② 시접 반 자르기
앞판 겉
① 홈질
뒤판 안

뒤판 안
③ 시접을 감싸 뒤로 넘긴다.
④ 홈질
앞판 안

3 옆선과 겨드랑이를 쌈솔로 바느질한다.

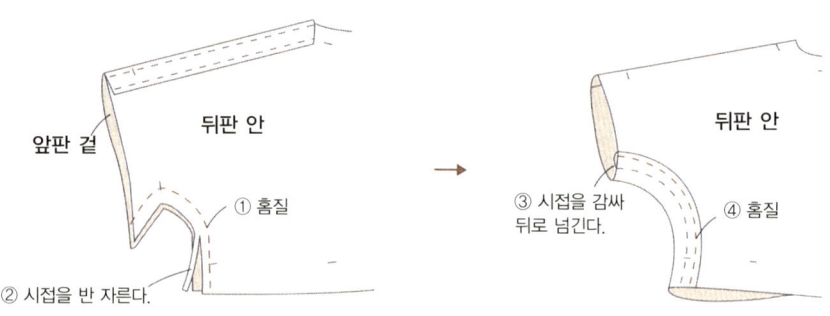

앞판 겉

뒤판 안

① 홈질

② 시접을 반 자른다.

③ 시접을 감싸 뒤로 넘긴다.

뒤판 안

④ 홈질

4 소맷부리를 바느질한다.

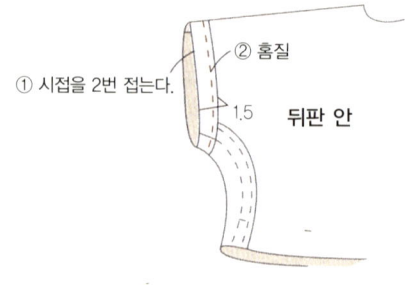

② 홈질

① 시접을 2번 접는다.

1.5

뒤판 안

5 앞단, 옷자락을 바느질한다.

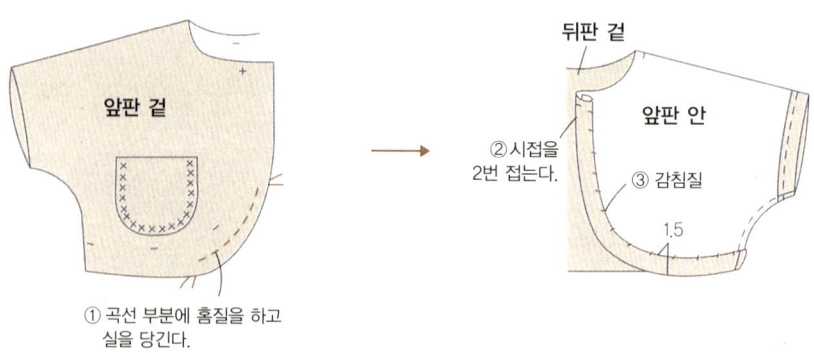

앞판 겉

① 곡선 부분에 홈질을 하고 실을 당긴다.

뒤판 겉

② 시접을 2번 접는다.

③ 감침질

앞판 안

1.5

6 목둘레에 바이어스테이프를 단다.

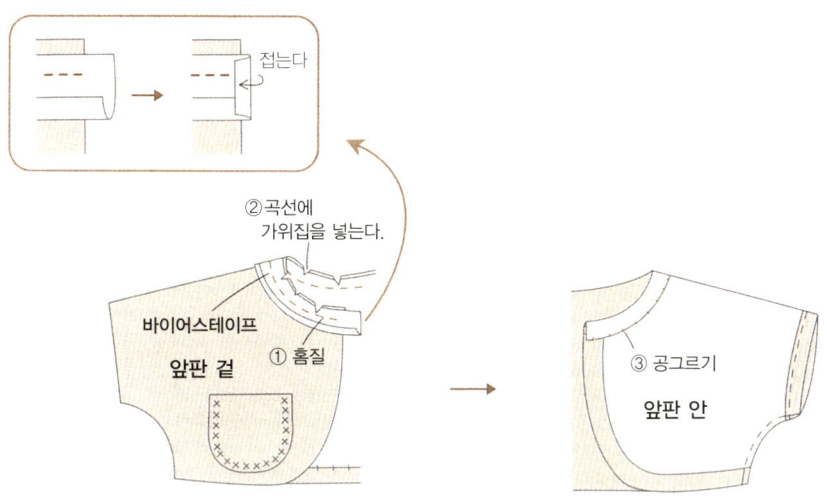

접는다

②곡선에
가위집을 넣는다.

바이어스테이프
앞판 겉
① 홈질

③ 공그르기
앞판 안

7 스냅 단추를 단다.

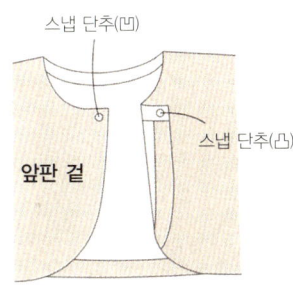

스냅 단추(凹)
앞판 겉
스냅 단추(凸)

[스냅 단추 다는 방법]

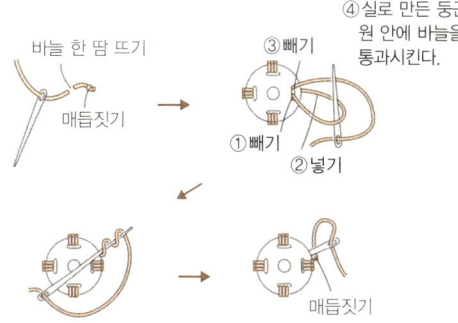

바늘 한 땀 뜨기
매듭짓기

③ 빼기
①빼기
②넣기

④실로 만든 둥근
원 안에 바늘을
통과시킨다.

매듭짓기

8 장식용 단추를 단다.

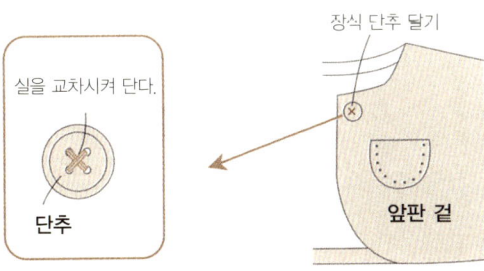

장식 단추 달기

실을 교차시켜 단다.

단추

앞판 겉

How to make

프렌치 소매 블루머

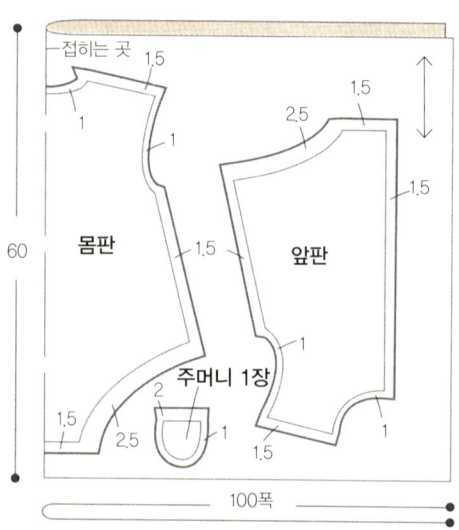

접히는 곳

1.5

1

1

몸판

1.5

60

1.5

2.5

1.5

주머니 1장

2

2.5

1

1

100폭

1.5

2.5

1.5

앞판

1.5

1

1.5

1

🔶 **프렌치 소매 블루머 재료**

와플 천(110cm 폭) 60cm
오가닉 바이어스테이프(1.27cm 폭) 1m
단추(1.2cm) 5개
줄 스냅 단추 40cm
고무 테이프(0.5cm 폭) 50cm
분홍색, 진분홍색 25번 자수실
손바느질용 실

🔶 **프렌치 소매 블루머 재단하기**

단위 cm
수치만큼의 시접을 포함해서 재단한다.

🔶 **부록** 실물 옷본 B면

🔶 **프렌치 소매 블루머 바느질 순서**

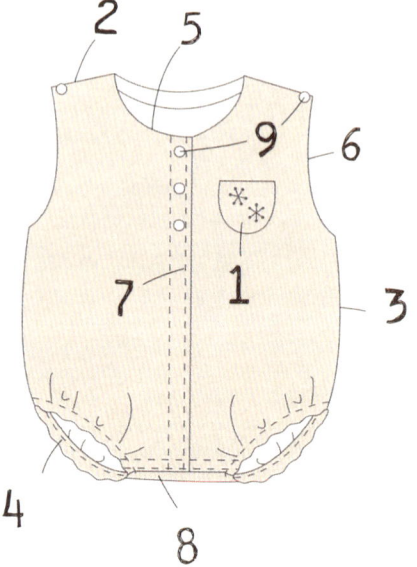

1

먼저 자수를 놓고 주머니를 만들어 단다.

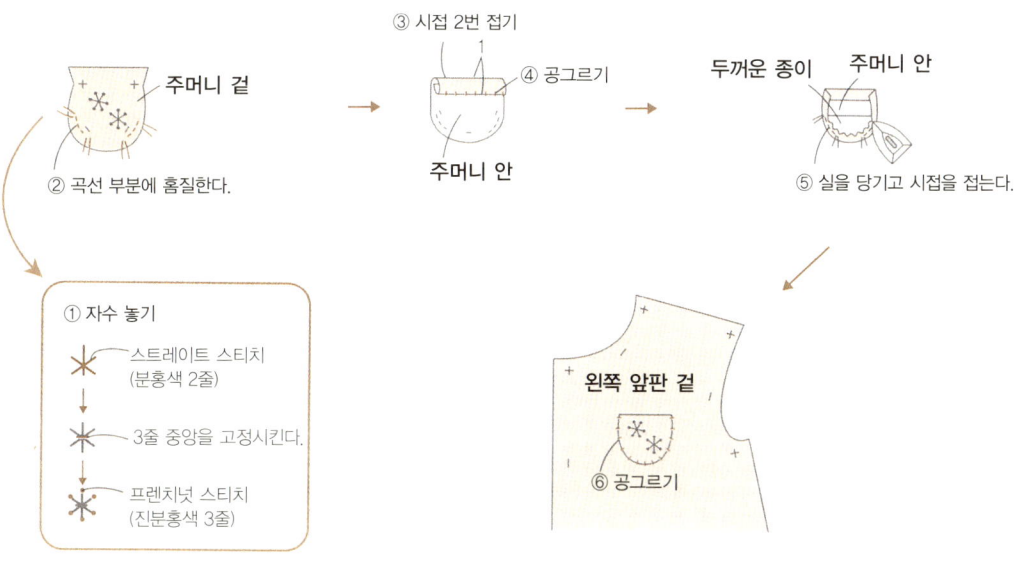

③ 시접 2번 접기

④ 공그르기

주머니 겉

② 곡선 부분에 홈질한다.

주머니 안

두꺼운 종이   주머니 안

⑤ 실을 당기고 시접을 접는다.

① 자수 놓기

✳ ── 스트레이트 스티치
　　　(분홍색 2줄)

✳ ── 3줄 중앙을 고정시킨다.

✳ ── 프렌치넛 스티치
　　　(진분홍색 3줄)

왼쪽 앞판 겉

⑥ 공그르기

2

어깨를 쌈솔로 잇는다.

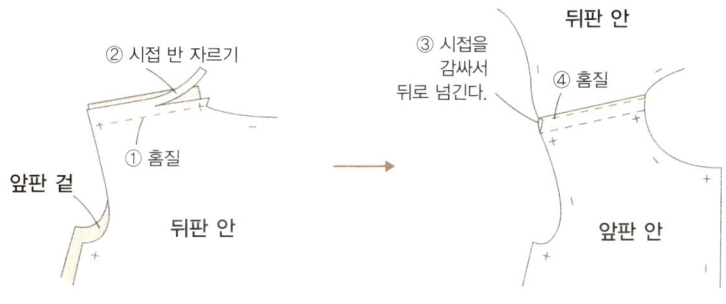

② 시접 반 자르기

① 홈질

앞판 겉

뒤판 안

③ 시접을
감싸서
뒤로 넘긴다.

뒤판 안

④ 홈질

앞판 안

3 옆선을 쌈솔로 바느질한다.

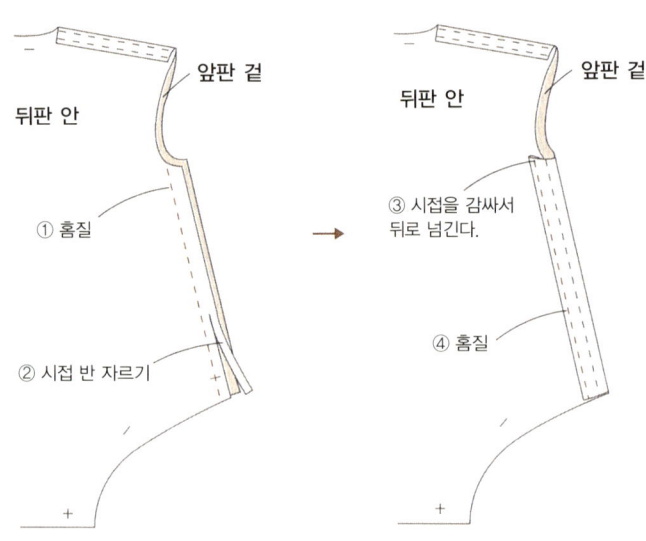

뒤판 안   앞판 겉

① 홈질

② 시접 반 자르기

뒤판 안   앞판 겉

③ 시접을 감싸서
뒤로 넘긴다.

④ 홈질

4 가랑이를 바느질한다.

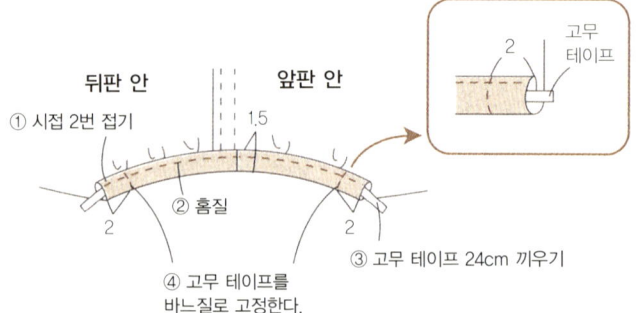

뒤판 안   앞판 안

① 시접 2번 접기

1.5

② 홈질

2   2

④ 고무 테이프를
바느질로 고정한다.

③ 고무 테이프 24cm 끼우기

2   고무
테이프

5 목둘레를 정리한다.

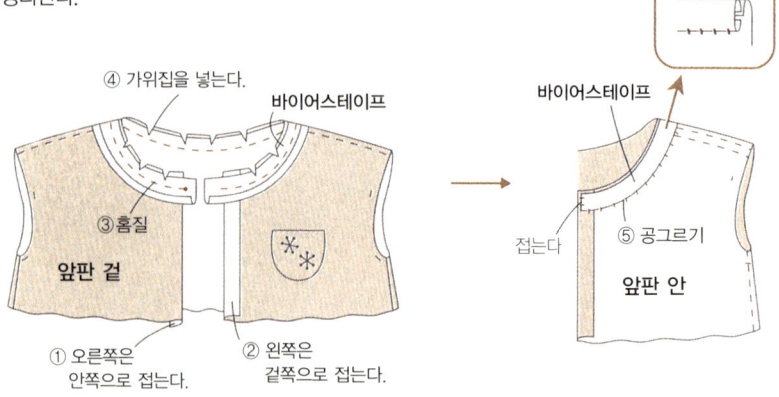

④ 가위집을 넣는다.

바이어스테이프

③ 홈질

앞판 겉

① 오른쪽은
안쪽으로 접는다.

② 왼쪽은
겉쪽으로 접는다.

바이어스테이프

접는다   ⑤ 공그르기

앞판 안

6 소매둘레를 정리한다.

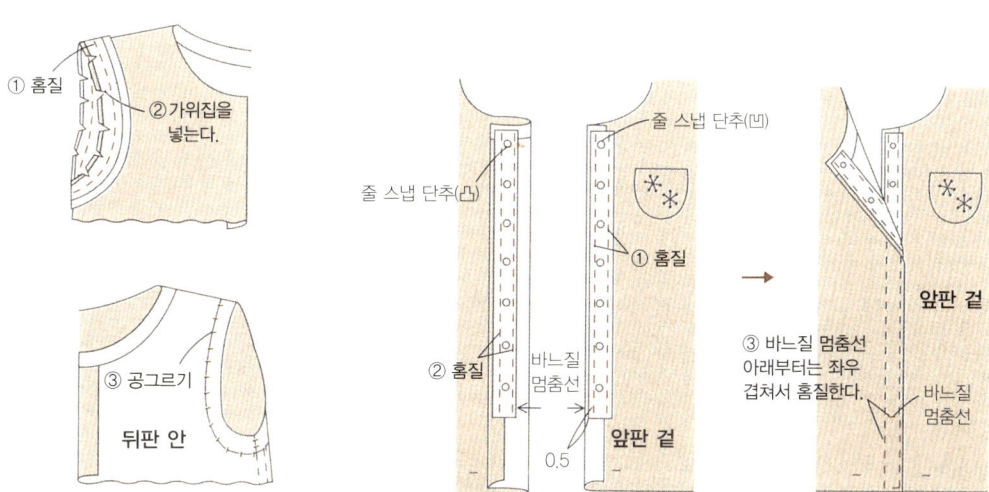

① 홈질
②가위집을
넣는다.

③ 공그르기

뒤판 안

7 앞단에 줄 스냅 단추를 단다.

줄 스냅 단추(凹)

줄 스냅 단추(凸)

① 홈질

② 홈질

바느질
멈춤선

앞판 겉

0.5

③ 바느질 멈춤선
아래부터는 좌우
겹쳐서 홈질한다.

앞판 겉

바느질
멈춤선

8 밑자락에 줄 스냅 단추를 단다.

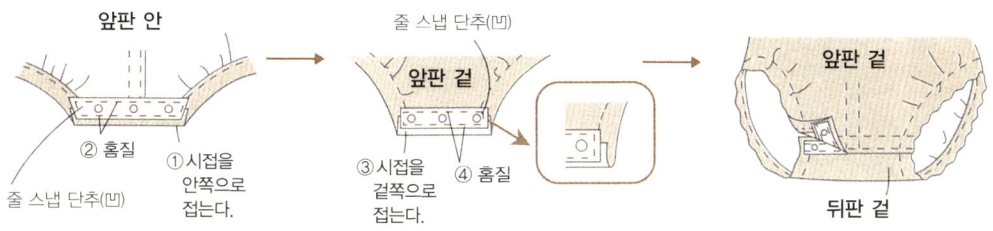

앞판 안

② 홈질

① 시접을
안쪽으로
접는다.

줄 스냅 단추(凹)

줄 스냅 단추(凹)

앞판 겉

③ 시접을
겉쪽으로
접는다.

④ 홈질

앞판 겉

뒤판 겉

9 장식 단추를 달면 완성된다.

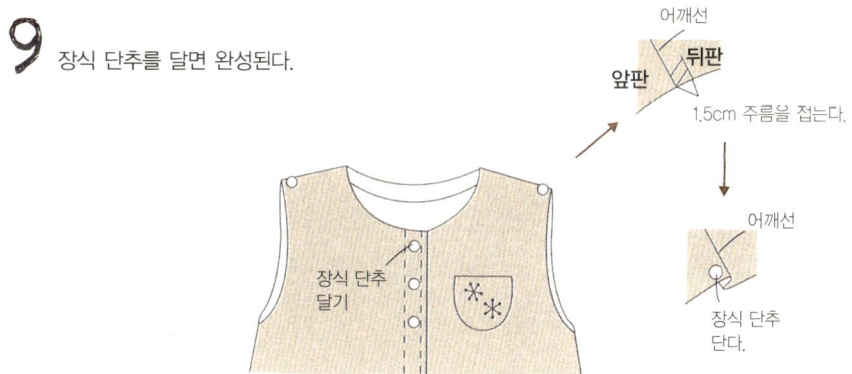

어깨선

앞판   뒤판

1.5cm 주름을 접는다.

어깨선

장식 단추
단다.

장식 단추
달기

민소매 블루머

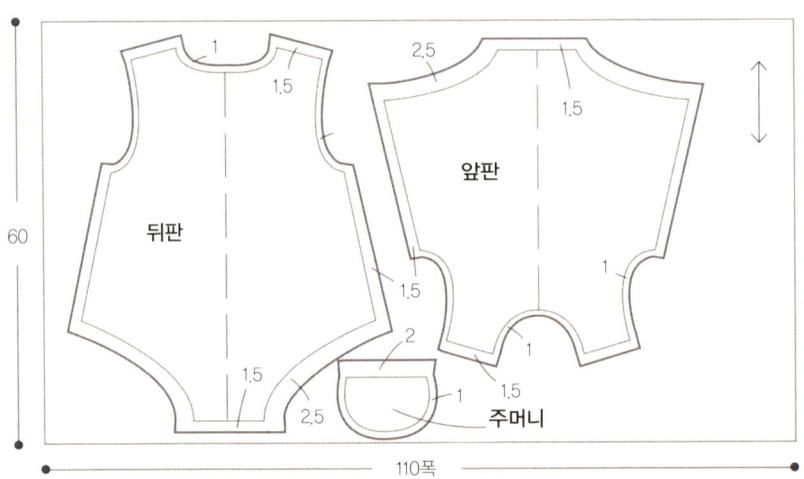

🟤 **민소매 블루머 재료**

와플 천(110cm 폭) 60cm
오가닉 바이어스테이프(1.27cm 폭) 1m 10cm
줄 스냅 단추 40cm
고무 테이프(0.5cm 폭) 50cm
주황색 25번 자수실
연노란색 손바느질용 실

🟤 **민소매 블루머 재단하기**

단위 cm
수치만큼의 시접을 포함해서 재단한다.

🟤 **부록** 실물 옷본 B면

🟤 **민소매 블루머 바느질 순서**

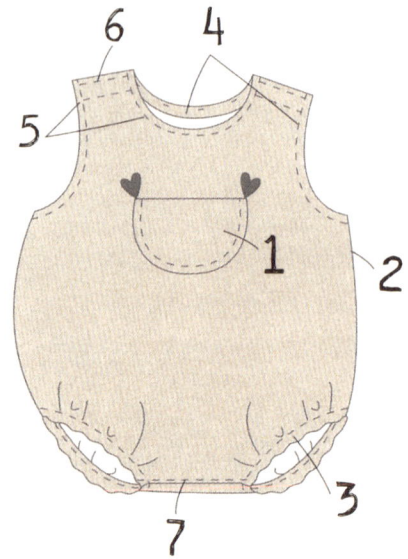

1 주머니를 만들어 달고 자수를 놓는다.

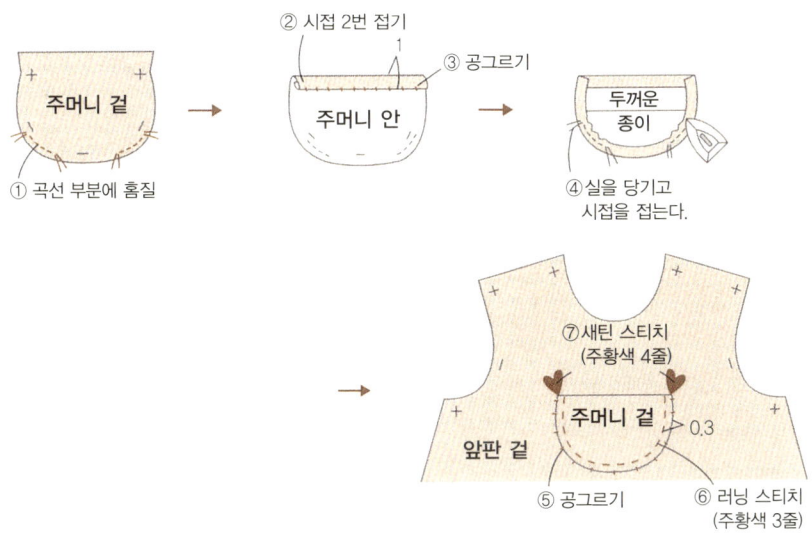

② 시접 2번 접기
③ 공그르기
주머니 겉
① 곡선 부분에 홈질
주머니 안
두꺼운 종이
④ 실을 당기고 시접을 접는다.

⑦ 새틴 스티치 (주황색 4줄)
주머니 겉 0.3
앞판 겉
⑤ 공그르기
⑥ 러닝 스티치 (주황색 3줄)

2 옆선을 쌈솔로 바느질한다.

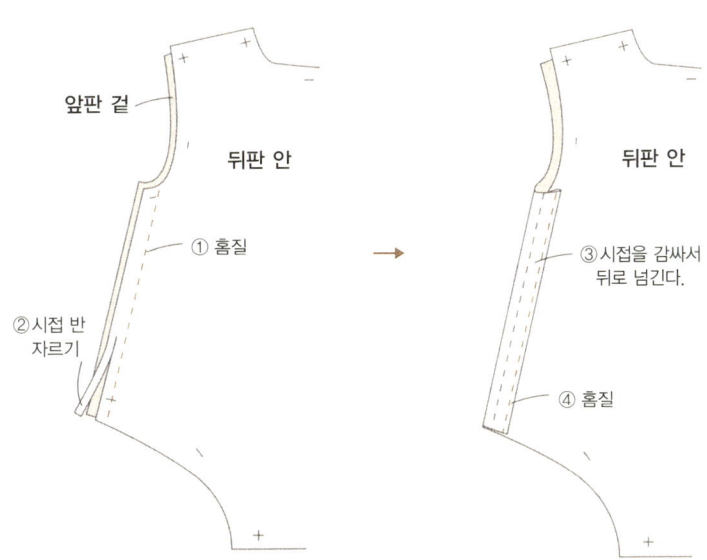

앞판 겉
뒤판 안
① 홈질
② 시접 반 자르기

뒤판 안
③ 시접을 감싸서 뒤로 넘긴다.
④ 홈질

3 가랑이를 꿰맨다.

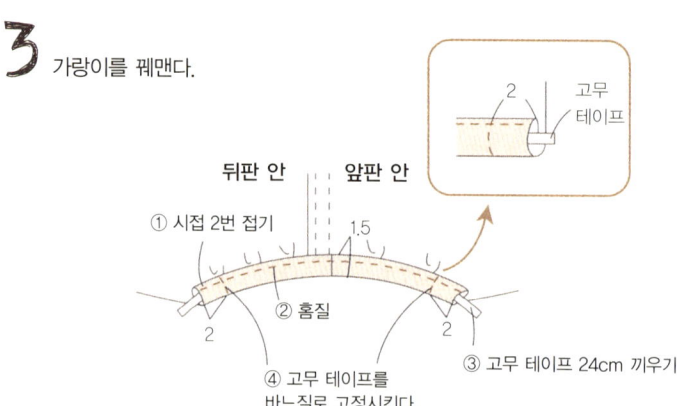

뒤판 안   앞판 안

① 시접 2번 접기

1.5

② 홈질

2   2

④ 고무 테이프를
바느질로 고정시킨다.

③ 고무 테이프 24cm 끼우기

2   고무
테이프

4 목둘레와 겨드랑이를 정리한다.

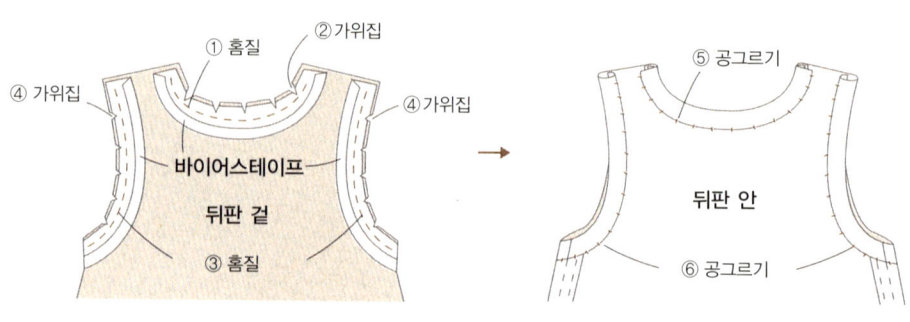

② 가위집

① 홈질

④ 가위집   ④ 가위집

바이어스테이프

뒤판 겉

③ 홈질

→

⑤ 공그르기

뒤판 안

⑥ 공그르기

5 자수를 놓는다.

① 러닝 스티치(주황색 3줄)

② 러닝 스티치
(주황색 3줄)

0.3

0.3

앞판 겉

6 어깨에 줄 스냅 단추를 단다.

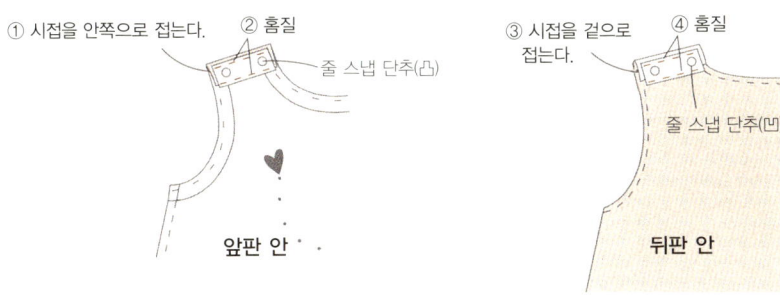

① 시접을 안쪽으로 접는다.　② 홈질

줄 스냅 단추(凸)

앞판 안

③ 시접을 겉으로 접는다.　④ 홈질

줄 스냅 단추(凹)

뒤판 안

7 밑자락에 줄 스냅 단추를 달아 완성한다.

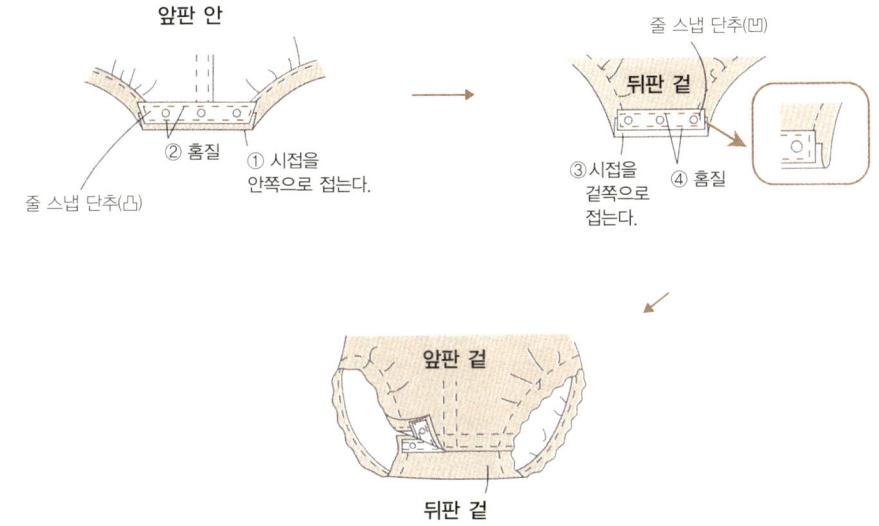

앞판 안

② 홈질　① 시접을 안쪽으로 접는다.

줄 스냅 단추(凸)

줄 스냅 단추(凹)

뒤판 겉

③ 시접을 겉쪽으로 접는다.　④ 홈질

앞판 겉

뒤판 겉

THREE

12~24개월

아장아장 걷기 시작하는 우리 장난꾸러기.
많이 놀고 많이 먹고 쑥쑥 커라!
엄마가 널 위해 준비한 옷을 입고.

앞치마형 턱받이,
스푼 & 컵 주머니

저지 소재의 가장자리와 더블 거즈 물방울 무늬 천으로 만든

세련된 앞치마형 턱받이 두 벌.

많이 먹고 쑥쑥 자랄 무렵 아기가 음식물을 흘리거나 묻혀도

안심할 수 있습니다. 꼼꼼하게 잡아 주는 주머니가 달려 있기 때문이죠!

소매가 없는 스타일이라 자유롭게 움직일 수 있어 아기도 좋아할 듯.

주머니가 없는 앞치마는 식사 이외에도 더러움을 막을 때 입히면 좋습니다.

외출이 점점 늘어날 아기를 위해서 가지고 다닐 수 있는 전용 컵과

스푼 주머니도 세트로 만들었습니다.

컵 주머니 바닥에는 동글동글 장식을 달아서 귀여움을 더했습니다.

보더 무늬 앞치마형 턱받이

겉감, 안감 각 1장씩

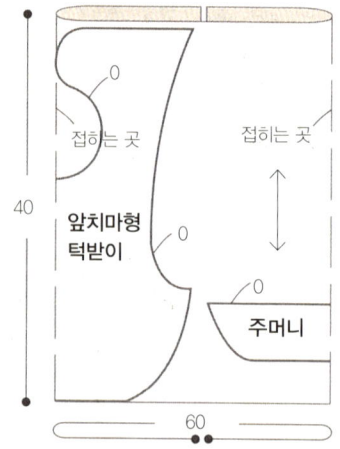

- 접히는 곳
- 접히는 곳
- 앞치마형 턱받이
- 주머니
- 0
- 0
- 0
- 40
- 60

🟤 **보더 무늬 앞치마형 턱받이 재료**

겉감 코튼 저지 40×60cm
안감 시팅 천 40×60cm
니트 바이어스테이프 테두리용(1.1cm 폭) 2m30cm
벨크로(찍찍이)
빨간색 5번 자수실
흰색, 남색 손바느질용 실

🟤 **보더 무늬 앞치마형 턱받이 재단하기**

단위 cm
수치만큼의 시접을 포함해서 재단한다.

🟤 **부록** 실물 옷본 B면

🟤 **보더 무늬 앞치마형 턱받이 바느질 순서**

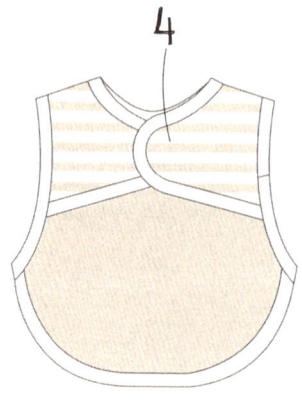

1
주머니에 테두리를 붙인다.

① 반박음질 후
뒤로 넘겨 감싼다.

겉감 주머니 겉

안감 주머니 안

바이어스테이프

② 공그르기   바이어스테이프

안감 주머니 겉

2
목둘레, 밑자락에도 테두리를 달아 준다.

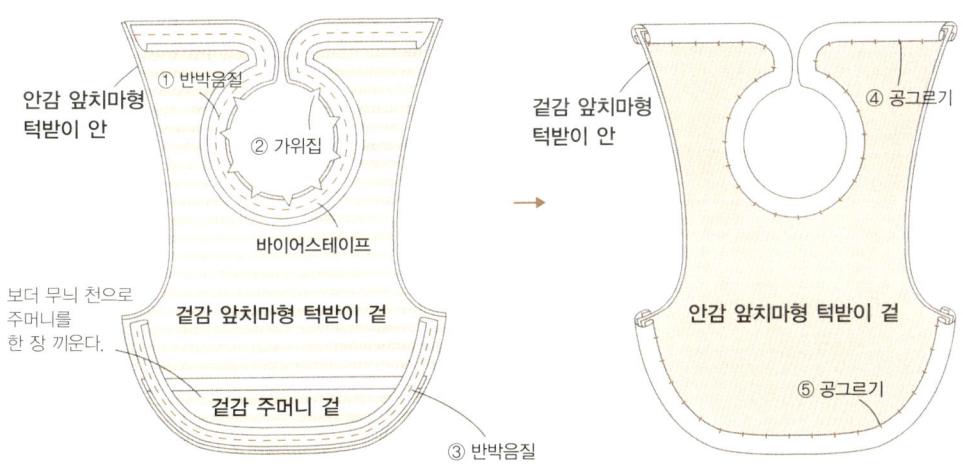

안감 앞치마형
턱받이 안

① 반박음질

② 가위집

바이어스테이프

보더 무늬 천으로
주머니를
한 장 끼운다.

겉감 앞치마형 턱받이 겉

겉감 주머니 겉

③ 반박음질

겉감 앞치마형
턱받이 안

④ 공그르기

안감 앞치마형 턱받이 겉

⑤ 공그르기

3
팔둘레에 테두리를 붙인다.

이음매

① 겨드랑이를 목둘레처럼
바이어스테이프로 감싸서
바느질한다.

5

공그르기

겉감 앞치마형 턱받이 겉

4 등쪽에 벨크로를 단다.

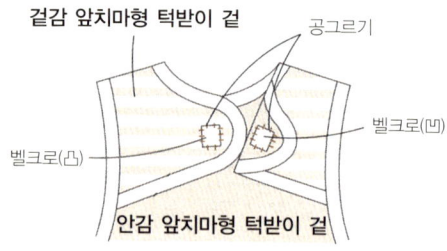

겉감 앞치마형 턱받이 겉

공그리기

벨크로(凹)

벨크로(凸)

안감 앞치마형 턱받이 겉

5 자수를 놓는다.

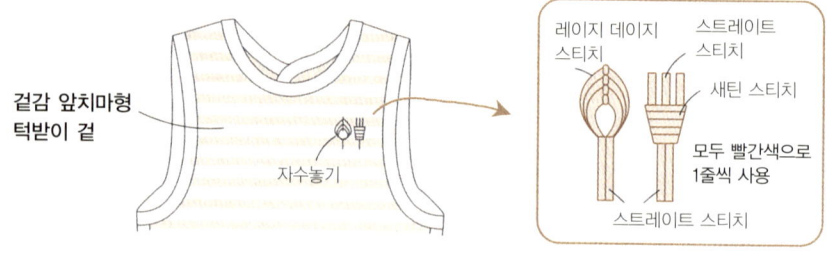

겉감 앞치마형
턱받이 겉

자수놓기

레이지 데이지
스티치

스트레이트
스티치

새틴 스티치

모두 빨간색으로
1줄씩 사용

스트레이트 스티치

물방울 무늬 앞치마형 턱받이

겉감, 안감 각 1장씩

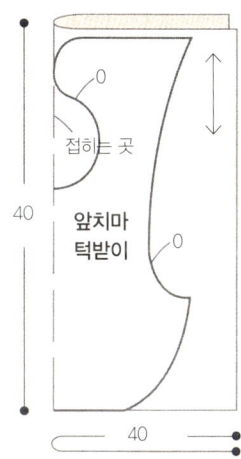

0

접히는 곳

40

앞치마
턱받이

0

40

💧 **물방울 무늬 앞치마형 턱받이 재료**

겉감 물방울 무늬 더블 거즈 40×40cm
안감 옥스포드 40×40cm
거즈 바이어스테이프 테두리용(1.1cm 폭) 2m 30cm
벨크로(찍찍이)
스웨이드 리본(0.2cm 폭) 10cm
흰색, 남색 손바느질용 실

💧 **물방울 무늬 앞치마 턱받이 재단하기**

단위 cm
수치만큼의 시접을 포함해서 재단한다.

💧 **부록** 실물 옷본 B면

💧 **물방울 무늬 앞치마형 턱받이 바느질 순서**

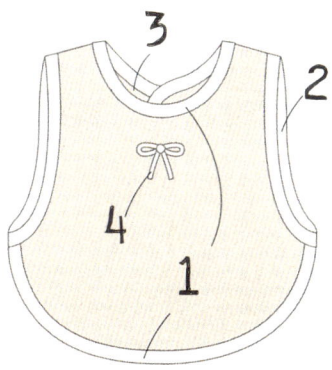

1 목둘레, 밑자락에 테두리를 달아 준다.

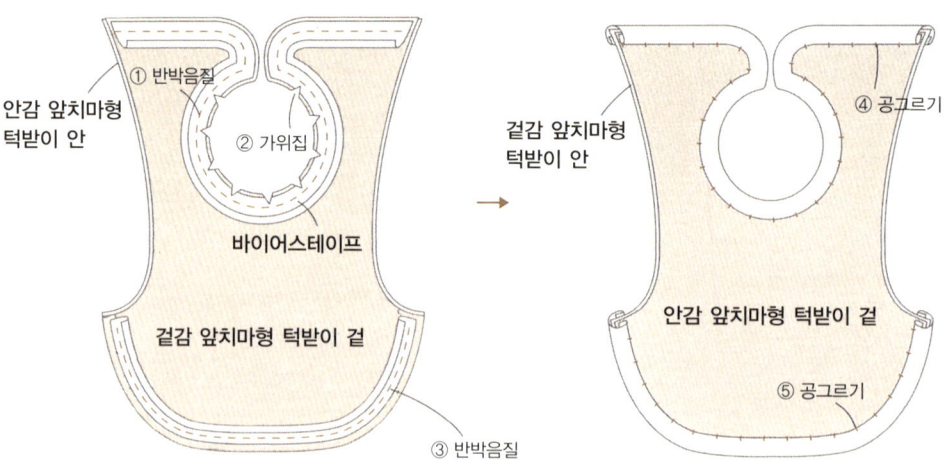

① 반박음질
안감 앞치마형
턱받이 안
② 가위집
바이어스테이프
겉감 앞치마형 턱받이 겉
③ 반박음질

겉감 앞치마형
턱받이 안
④ 공그르기
안감 앞치마형 턱받이 겉
⑤ 공그르기

2 겨드랑이에 테두리를 한다.

이음매
① 겨드랑이를 목둘레처럼
바이어스테이프로 감싸서
바느질한다.
5
공그르기
겉감 앞치마형 턱받이 겉

3 등쪽에 벨크로를 단다.

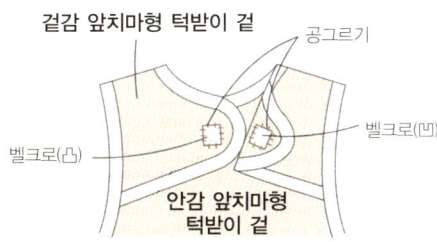

겉감 앞치마형 턱받이 겉

공그리기

벨크로(凸)

벨크로(凹)

안감 앞치마형
턱받이 겉

4 장식 리본을 달면 완성된다.

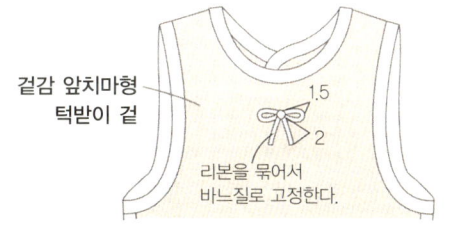

겉감 앞치마형
턱받이 겉

1.5

2

리본을 묶어서
바느질로 고정한다.

How to make

스푼 주머니

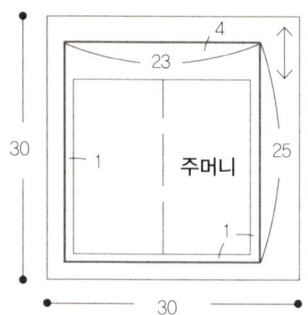

🟤 **스푼 주머니 재료**

코튼 저지 30×30cm
둥근 끈(0.5cm 굵기) 40cm
빨간색 5번 자수실
남색 손바느질용 실

🟤 **스푼 주머니 재단하기**

단위 cm
실물 옷본 없음.
천에 직접 사이즈를 표시해서 재단한다.

1

반으로
접는다.

①바느질
멈춤선까지
반박음질한다.

2

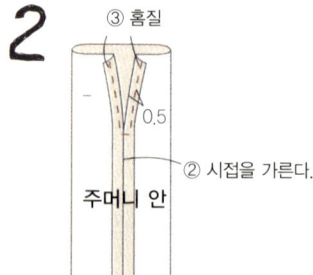

③ 홈질

② 시접을 가른다.

3

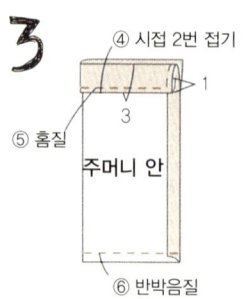

④ 시접 2번 접기

⑤ 홈질

⑥ 반박음질

4

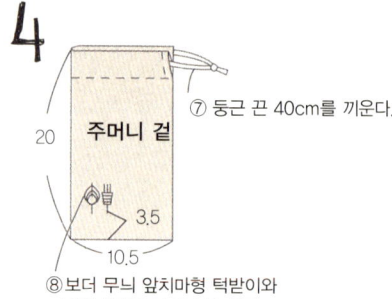

⑦ 둥근 끈 40cm를 끼운다.

⑧ 보더 무늬 앞치마형 턱받이와
같은 방법으로 자수를 한다.

102

How to make

컵 주머니

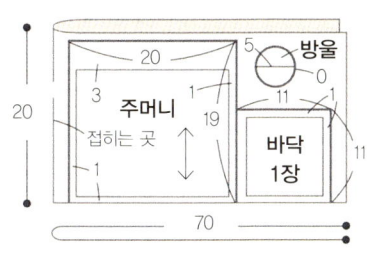

20
20
주머니
접히는 곳
19
3
1
5 방울
0
11
1
바닥
1장
11
70

🍫 컵 주머니 재료

더블 거즈 20×70cm
거즈 바이어스테이프 테두리용(1.1cm 폭) 40cm
동글동글 레이스 40cm
둥근 끈(0.5cm 굵기) 90cm
스웨이드 리본(0.2cm 폭) 10cm
솜, 남색 손바느질용 실

🍫 컵 주머니 재단하기

단위 cm, 실물 옷본 없음.
천에 직접 사이즈를 표시해서 재단한다.

1 옆통을 잇고 주머니 입구를 만든다.

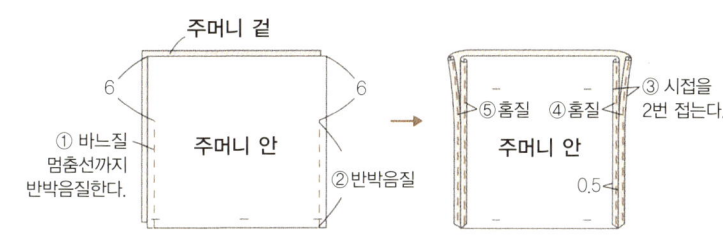

주머니 겉
주머니 안
6
6
① 바느질 멈춤선까지 반박음질한다.
② 반박음질
③ 시접을 2번 접는다.
④ 홈질 ⑤ 홈질
주머니 안
0.5

⑥ 시접을 2번 접는다.
2
1
⑦ 홈질
주머니 안

2 바닥을 만든다.

1
홈질
바닥 겉
레이스

3 주머니 천과 바닥을 잇고 뒤집어서 장식을 단다.

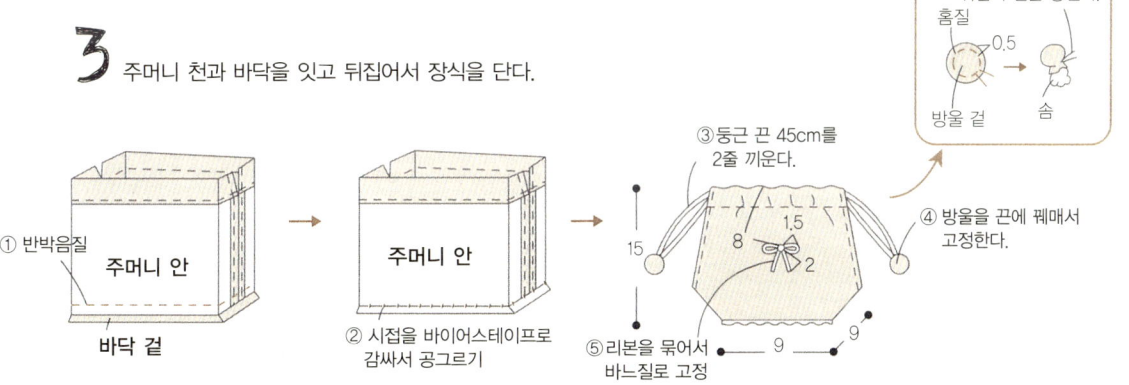

① 반박음질
주머니 안
바닥 겉

주머니 안

② 시접을 바이어스테이프로 감싸서 공그르기

③ 둥근 끈 45cm를 2줄 끼운다.
15
8
1.5
2
9
9
⑤ 리본을 묶어서 바느질로 고정

④ 방울을 끈에 꿰매서 고정한다.

뒤집어 실을 당긴다.
홈질
0.5
방울 겉
솜

스모크 & 바지 세트

피부에 좋은 오가닉 코튼으로 만든 느슨한 웃웃인 스모크와 바지 2종.

오가닉 천에 내추럴한 색 조합이므로 자수로 포인트 색을 넣으면

무척 귀여운 아기 옷이 됩니다. 바지 길이나 소재를 바꾸면

계절별로 입을 수 있는 바지를 만들 수 있습니다.

쑥쑥 크는 아기들에게는 바지 길이가 좀 길어도 살짝 접어서

입히면 금방 자라나 딱 맞게 됩니다. 편안하게 입을 수 있는 웃옷인 스모크는

래글런 소매이므로 활동성이 높습니다.

모양을 달리한 작은 주머니들도 앙증맞게 예쁘죠?

How to make

체크 무늬 스모크

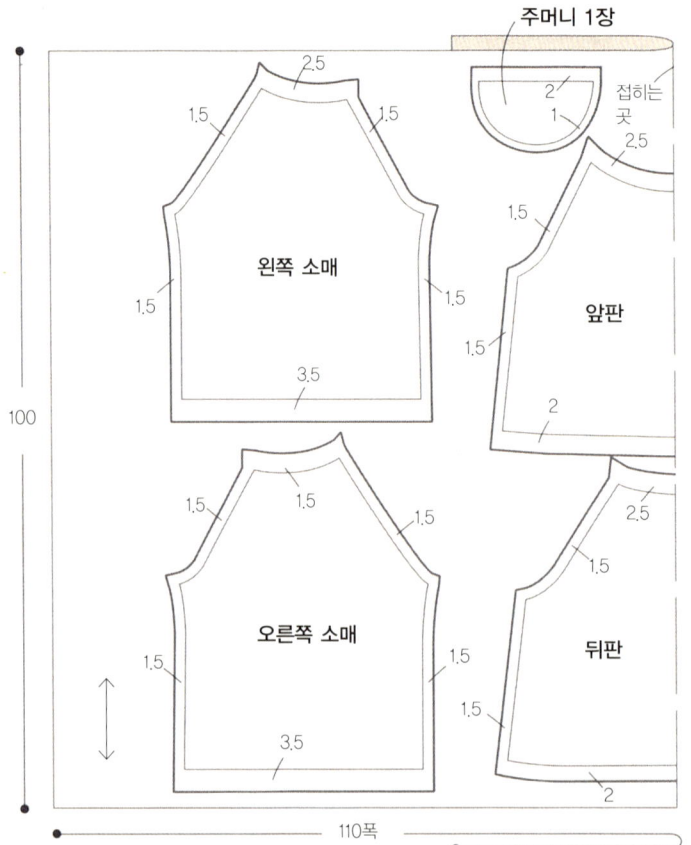

주머니 1장

접히는 곳

왼쪽 소매

오른쪽 소매

앞판

뒤판

- 🍫 **체크 무늬 스모크 재료**

  체크 무늬 오가닉 코튼(110cm 폭) 1m
  고무 테이프(0.6cm 폭) 60cm
  베이지색, 갈색, 주황색,
  노란색 25번 자수실
  손바느질용 실

- 🍫 **체크 무늬 스모크 재단하기**

  단위 cm
  수치의 시접을 포함해서 재단한다.

- 🍫 **부록** 실물 옷본 B면

🍫 **체크 무늬 스모크 바느질 순서**

1 앞판에 자수를 놓는다.

앞판 겉

백 스티치(녹색 6줄)

2 주머니를 만들어 단다.

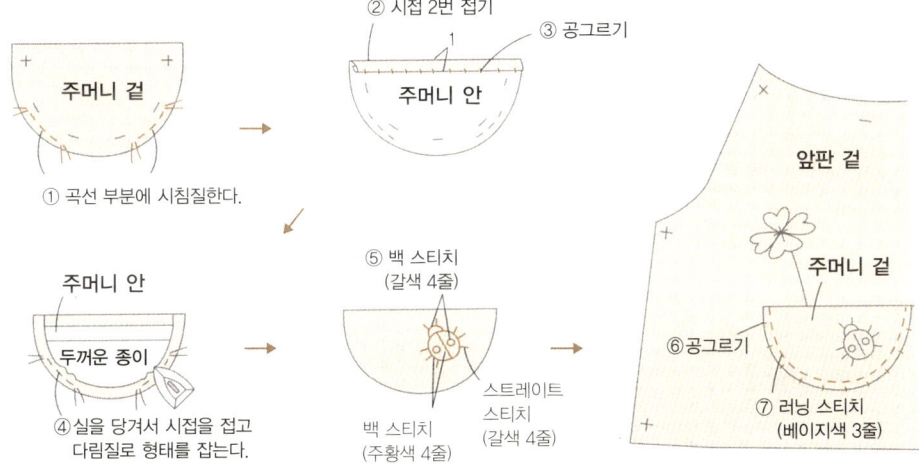

주머니 겉

① 곡선 부분에 시침질한다.

② 시접 2번 접기
③ 공그르기

주머니 안

주머니 안

두꺼운 종이

④실을 당겨서 시접을 접고
다림질로 형태를 잡는다.

⑤ 백 스티치
(갈색 4줄)

스트레이트
스티치
(갈색 4줄)

백 스티치
(주황색 4줄)

앞판 겉

주머니 겉

⑥공그르기

⑦ 러닝 스티치
(베이지색 3줄)

3 몸판과 소매를 쌈솔로 잇는다.

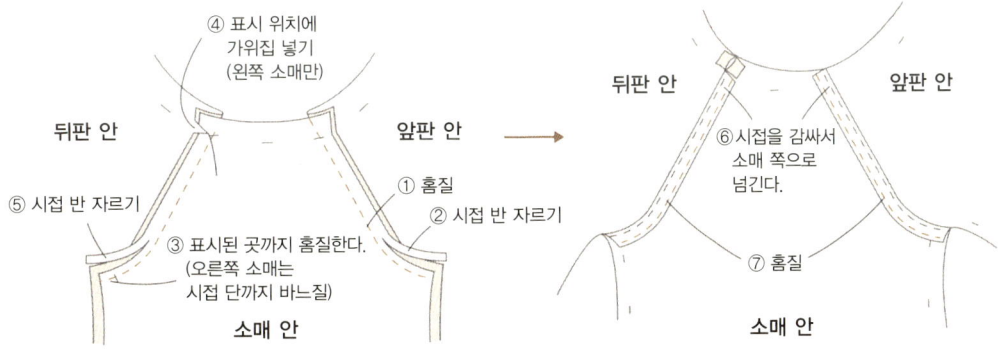

④ 표시 위치에
가위집 넣기
(왼쪽 소매만)

뒤판 안

앞판 안

⑤ 시접 반 자르기

① 홈질
② 시접 반 자르기

③ 표시된 곳까지 홈질한다.
(오른쪽 소매는
시접 단까지 바느질)

소매 안

뒤판 안

앞판 안

⑥ 시접을 감싸서
소매 쪽으로
넘긴다.

⑦ 홈질

소매 안

4 소매 옆선과 몸판 옆선을 가름솔로 바느질한다.

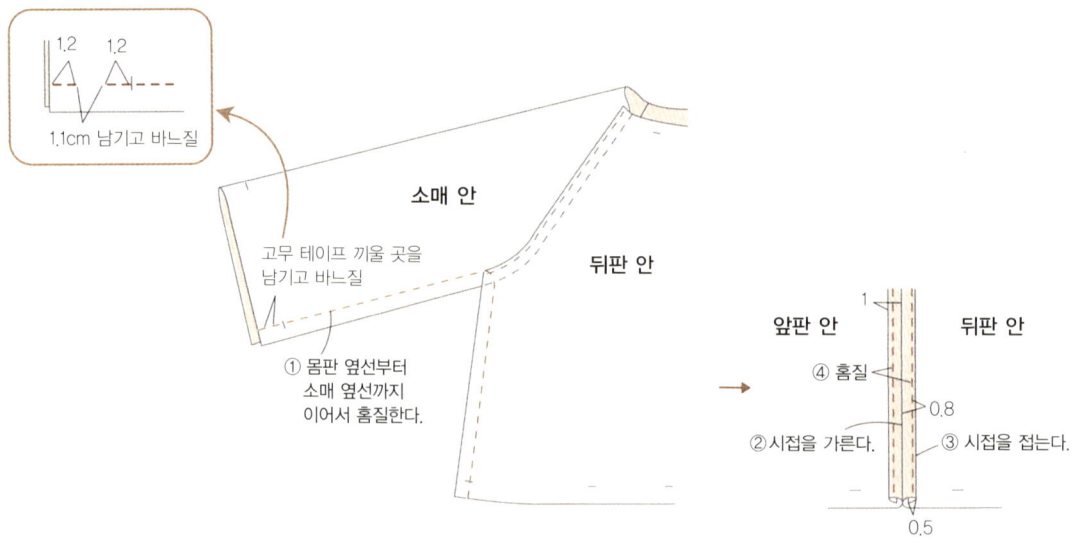

1,2 1,2

1,1cm 남기고 바느질

소매 안

뒤판 안

고무 테이프 끼울 곳을
남기고 바느질

① 몸판 옆선부터
소매 옆선까지
이어서 홈질한다.

앞판 안   1   뒤판 안

④ 홈질

0,8

② 시접을 가른다.   ③ 시접을 접는다.

0,5

5 목둘레를 바느질한다.

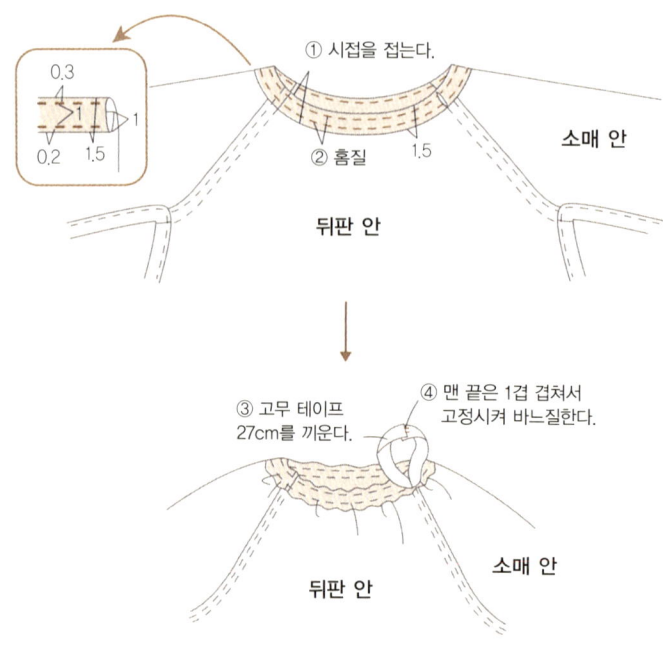

① 시접을 접는다.

0,3

1   1

0,2   1,5

② 홈질   1,5   소매 안

뒤판 안

③ 고무 테이프
27cm를 끼운다.

④ 맨 끝은 1겹 겹쳐서
고정시켜 바느질한다.

뒤판 안   소매 안

6 소맷부리를 바느질한다.

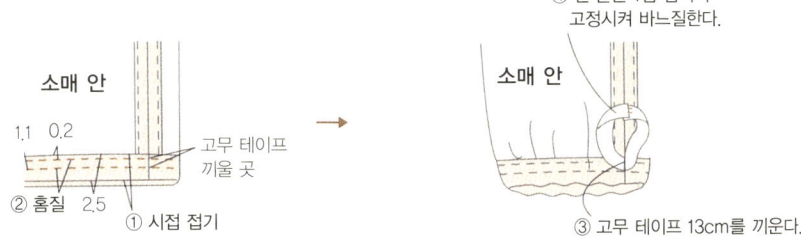

소매 안

1.1 0.2

② 홈질 2.5

① 시접 접기

고무 테이프
끼울 곳

④ 맨 끝은 1겹 겹쳐서
고정시켜 바느질한다.

소매 안

③ 고무 테이프 13cm를 끼운다.

7 밑자락을 바느질한다.

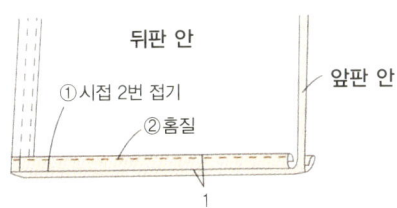

뒤판 안

앞판 안

① 시접 2번 접기

② 홈질

1

How to make

베이지색 스모크

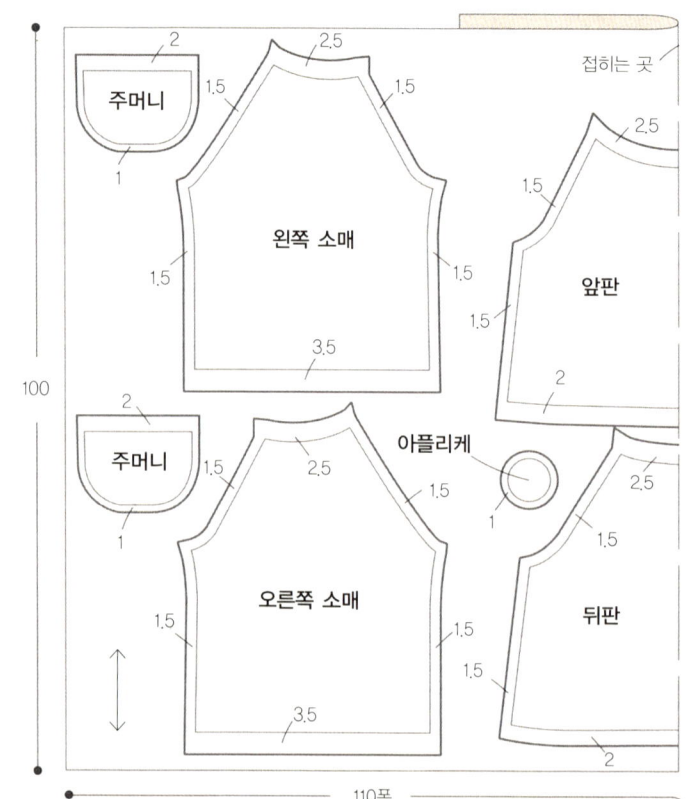

접히는 곳

주머니

2

2.5

1.5   1.5

왼쪽 소매

1.5   1.5

3.5

2.5

1.5

앞판

1.5

2

100

주머니

2

1.5   2.5

아플리케

1.5

오른쪽 소매

1.5   1.5

3.5

2.5

1.5

뒤판

1.5

2

110폭

베이지색 스모크 재료

오가닉 코튼 와플 천(110cm 폭) 1m
단추(1cm) 4개
고무 테이프(0.6cm 폭) 60cm
갈색, 빨간색, 녹색 25번 자수실
손바느질 실

베이지색 스모크 재단하기

단위 cm
수치의 시접을 포함해서 재단한다.

부록 실물 옷본 B면

베이지색 스모크 바느질 순서

1

몸판과 소매를 쌈솔로 잇는다.

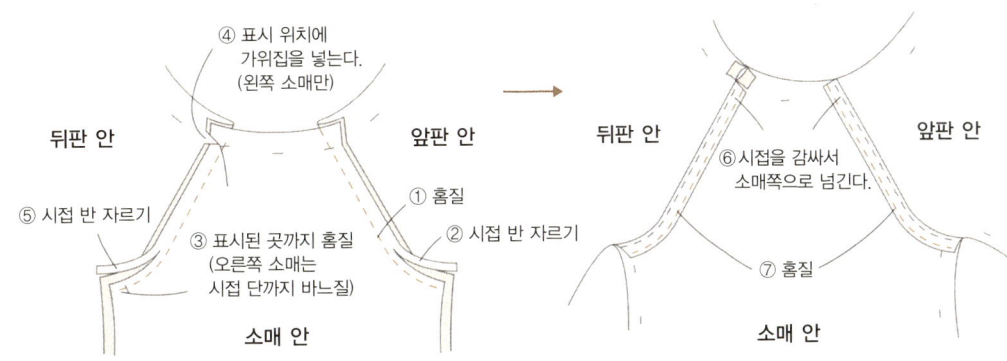

④ 표시 위치에
가위집을 넣는다.
(왼쪽 소매만)

뒤판 안

앞판 안

⑤ 시접 반 자르기

① 홈질

③ 표시된 곳까지 홈질
(오른쪽 소매는
시접 단까지 바느질)

② 시접 반 자르기

소매 안

뒤판 안

⑥ 시접을 감싸서
소매쪽으로 넘긴다.

앞판 안

⑦ 홈질

소매 안

2

소매 옆선과 몸판 옆선을 가름솔로 바느질한다.

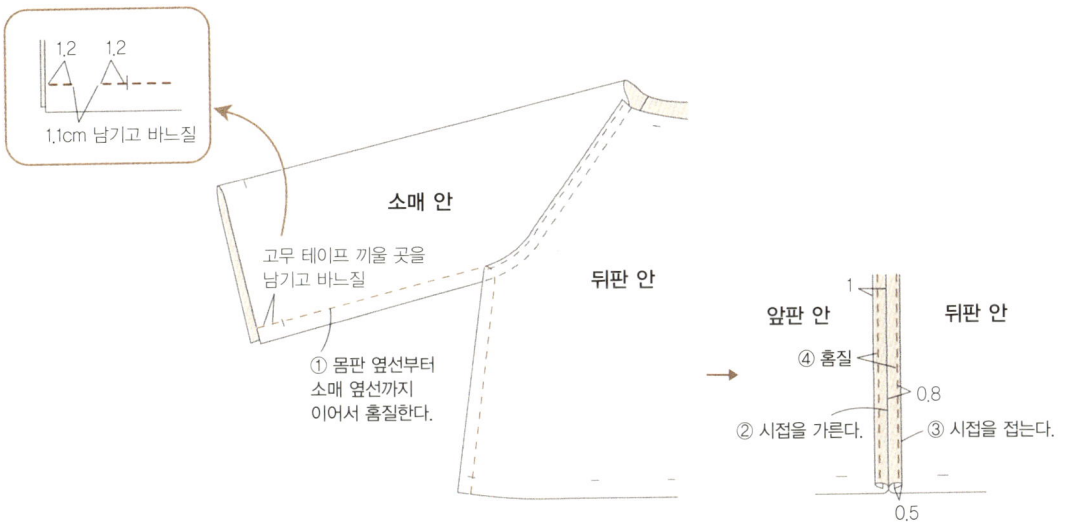

1.2   1.2

1.1cm 남기고 바느질

소매 안

고무 테이프 끼울 곳을
남기고 바느질

뒤판 안

① 몸판 옆선부터
소매 옆선까지
이어서 홈질한다.

앞판 안

1

④ 홈질

0.8

② 시접을 가른다.

뒤판 안

③ 시접을 접는다.

0.5

3 목둘레를 바느질한다.

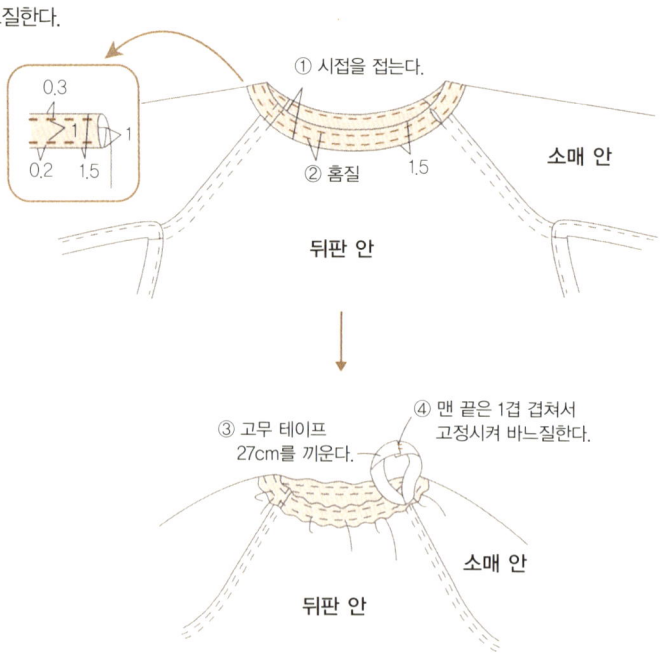

① 시접을 접는다.

0.3
1
1
0.2 1.5

② 홈질   1.5

소매 안

뒤판 안

③ 고무 테이프 27cm를 끼운다.

④ 맨 끝은 1겹 겹쳐서 고정시켜 바느질한다.

소매 안

뒤판 안

4 소맷부리를 바느질한다.

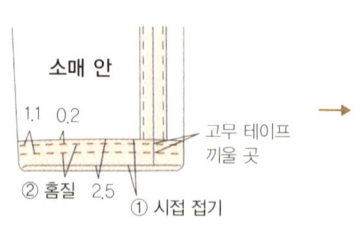

소매 안

1.1   0.2

② 홈질 2.5   ① 시접 접기

고무 테이프 끼울 곳

④ 맨 끝은 1겹 겹쳐서 고정시켜 바느질한다.

소매 안

③ 고무 테이프 13cm를 끼운다.

5 밑자락을 바느질한다.

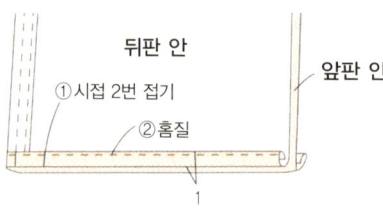

뒤판 안

앞판 안

① 시접 2번 접기

② 홈질

1

6 주머니를 만들어 단다.

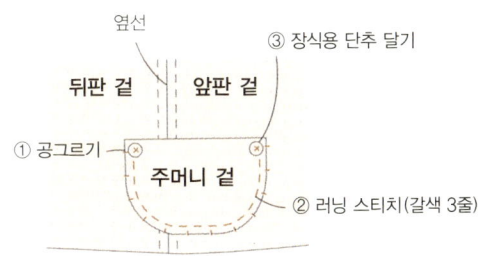

옆선
뒤판 겉 　앞판 겉
③ 장식용 단추 달기
① 공그르기
주머니 겉
② 러닝 스티치(갈색 3줄)

7 아플리케를 만들어 붙인다.

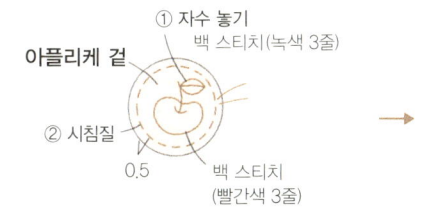

아플리케 겉
① 자수 놓기
백 스티치(녹색 3줄)
② 시침질
0.5
백 스티치
(빨간색 3줄)

두꺼운
종이
1

③ 두꺼운 종이를 넣고 시침질 실을
당겨서 다림질로 형태를 잡는다.
형태가 잡히면 종이를 뺀다.

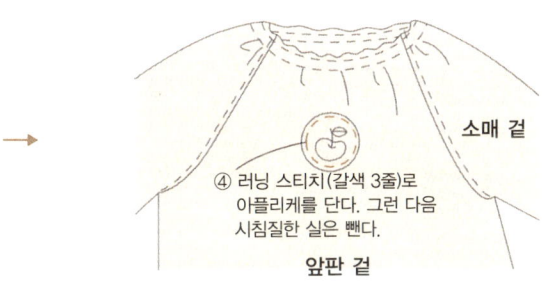

소매 겉
④ 러닝 스티치(갈색 3줄)로
아플리케를 단다. 그런 다음
시침질한 실은 뺀다.
앞판 겉

113

체크 무늬 긴 바지

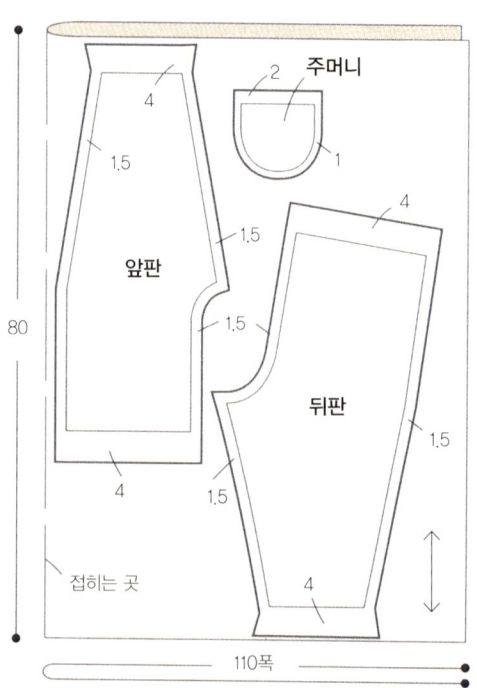

🍫 **체크 무늬 긴 바지 재료**

체크 무늬 오가닉 코튼(110cm 폭) 80cm
단추(1cm) 4개
고무 테이프(0.6cm 폭) 90cm
갈색 25번 자수실
손바느질용 실

🍫 **체크 무늬 긴 바지 재단하기**

단위 cm
수치의 시접을 포함해서 재단한다.

🍫 **부록** 실물 옷본 B면

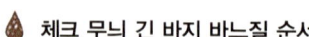

🍫 **체크 무늬 긴 바지 바느질 순서**

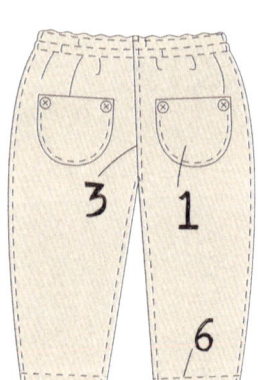

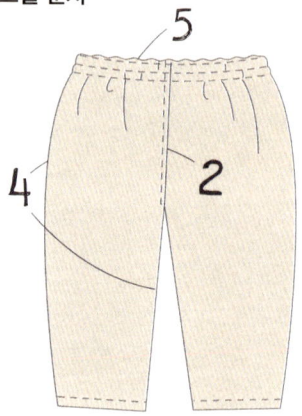

1

뒷주머니부터 만들어 단다.

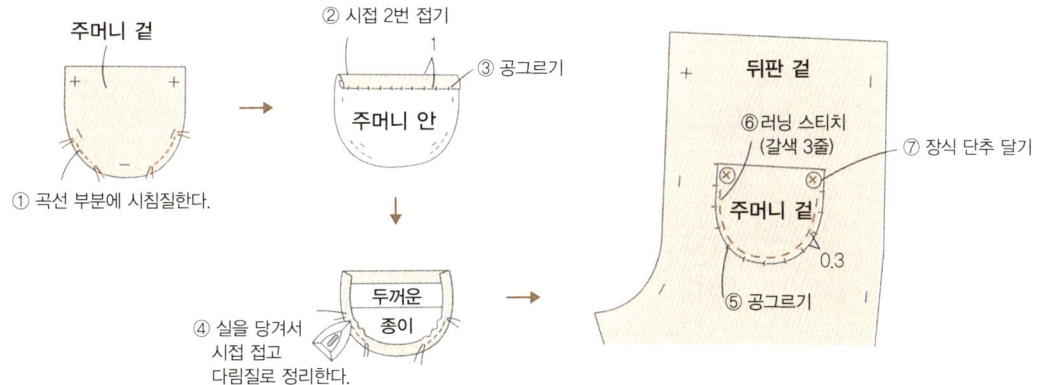

주머니 겉

② 시접 2번 접기

③ 공그르기

주머니 안

① 곡선 부분에 시침질한다.

④ 실을 당겨서 시접 접고 다림질로 정리한다.

두꺼운 종이

뒤판 겉

⑥ 러닝 스티치 (갈색 3줄)

⑦ 장식 단추 달기

주머니 겉

⑤ 공그르기

0.3

2

앞중심을 쌈솔로 바느질한다.

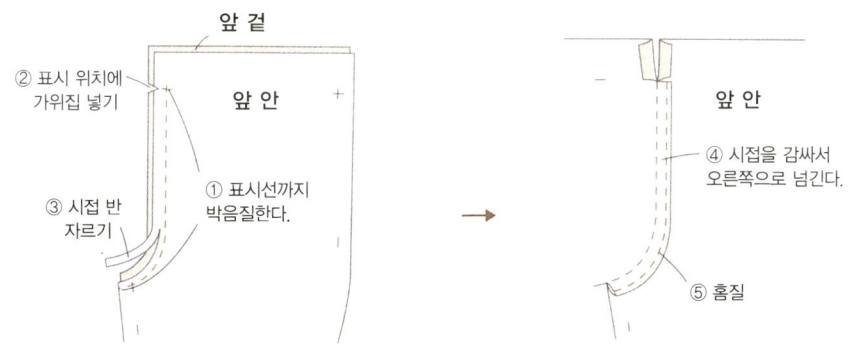

앞 겉

② 표시 위치에 가위집 넣기

앞 안

③ 시접 반 자르기

① 표시선까지 박음질한다.

앞 안

④ 시접을 감싸서 오른쪽으로 넘긴다.

⑤ 홈질

3

뒤중심을 쌈솔로 바느질한다.

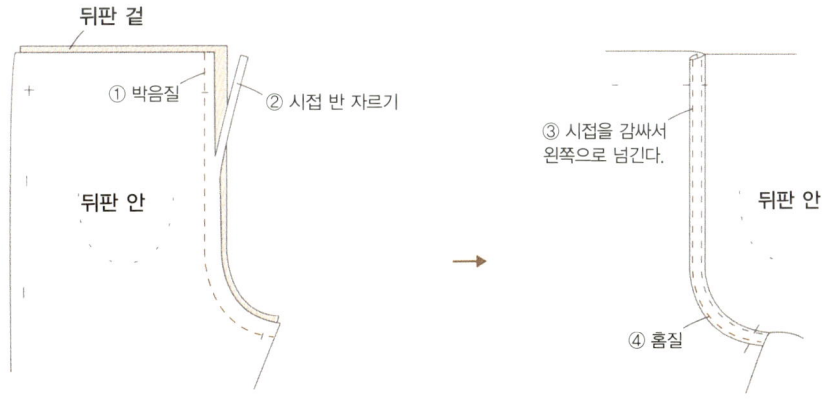

뒤판 겉

① 박음질

② 시접 반 자르기

뒤판 안

③ 시접을 감싸서 왼쪽으로 넘긴다.

뒤판 안

④ 홈질

4 옆선과 가랑이를 쌈솔로 바느질한다.

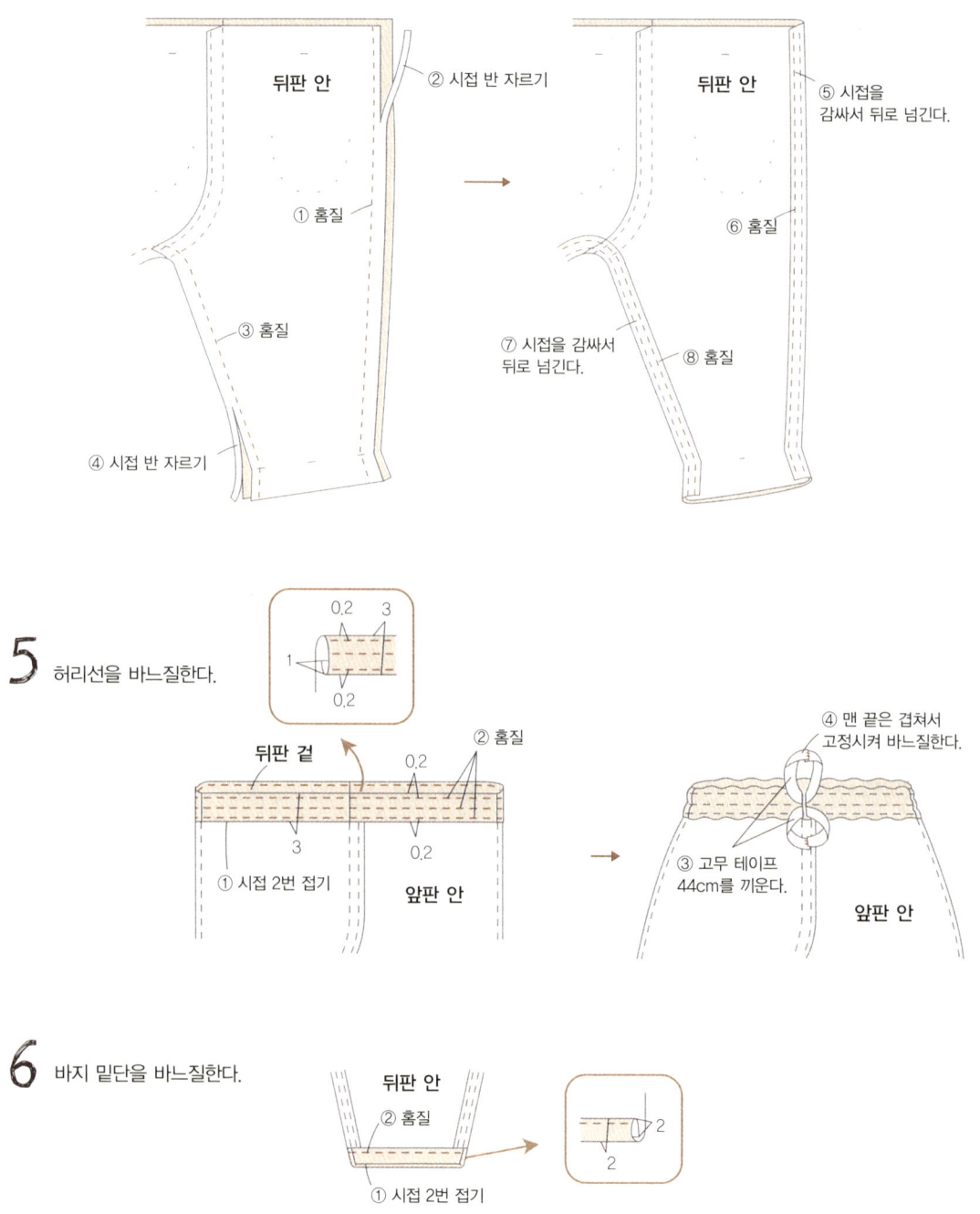

뒤판 안

② 시접 반 자르기

⑤ 시접을
감싸서 뒤로 넘긴다.

① 홈질

뒤판 안

⑥ 홈질

③ 홈질

⑦ 시접을 감싸서
뒤로 넘긴다.

⑧ 홈질

④ 시접 반 자르기

5 허리선을 바느질한다.

0.2   3

1

0.2

② 홈질

뒤판 겉

0.2

④ 맨 끝은 겹쳐서
고정시켜 바느질한다.

3

0.2

① 시접 2번 접기

앞판 안

③ 고무 테이프
44cm를 끼운다.

앞판 안

6 바지 밑단을 바느질한다.

뒤판 안

② 홈질

① 시접 2번 접기

2

2

베이지색 반바지

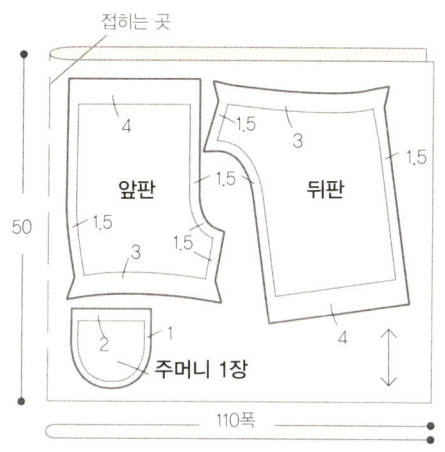

접히는 곳

50

110폭

4 앞판 1.5 3
1.5
3 1.5
1.5
1.5 뒤판 1.5
1.5
4

2 1 주머니 1장

🍫 **베이지색 반바지 재료**

오가닉 코튼 와플 천(110cm 폭) 50cm
고무 테이프(0.6cm 폭) 1m 40cm
베이지색 25번 자수실
베이지색 손바느질용 실

🍫 **베이지색 반바지 재단하기**

단위 cm
수치의 시접을 포함해서 재단한다.

🍫 **부록** 실물 옷본 B면

🍫 **베이지색 반바지 바느질 순서**

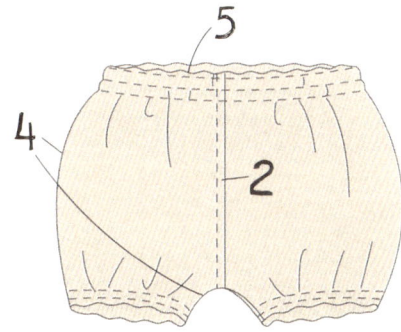

5
4
2

3
1
6

117

1

뒷주머니부터 만들어 단다.

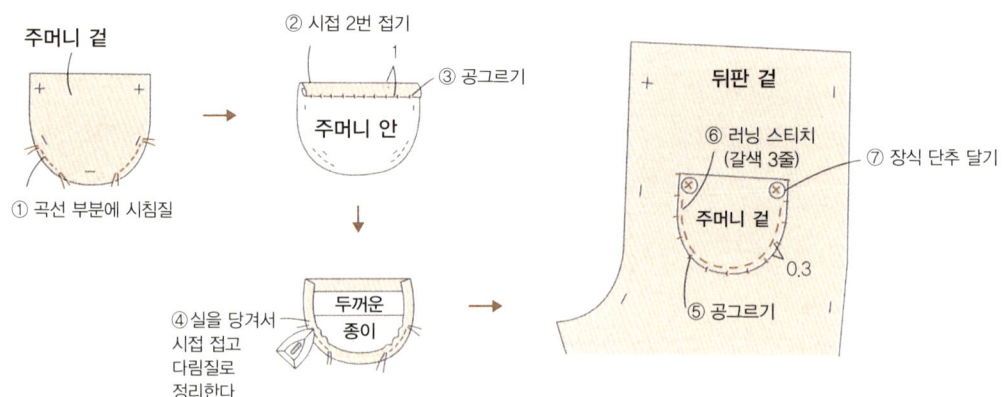

주머니 겉

② 시접 2번 접기

③ 공그르기

① 곡선 부분에 시침질

주머니 안

④ 실을 당겨서
시접 접고
다림질로
정리한다.

두꺼운
종이

뒤판 겉

⑥ 러닝 스티치
(갈색 3줄)

⑦ 장식 단추 달기

주머니 겉

0.3

⑤ 공그르기

2

앞중심을 쌈솔로 바느질한다.

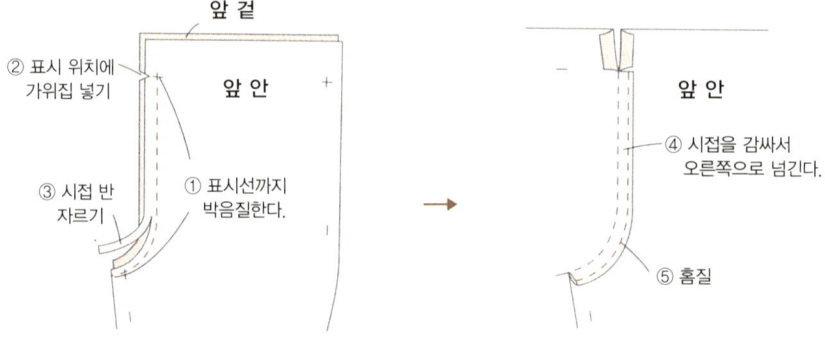

앞 겉

② 표시 위치에
가위집 넣기

③ 시접 반
자르기

① 표시선까지
박음질한다.

앞 안

앞 안

④ 시접을 감싸서
오른쪽으로 넘긴다.

⑤ 홈질

3

뒤중심을 쌈솔로 바느질한다.

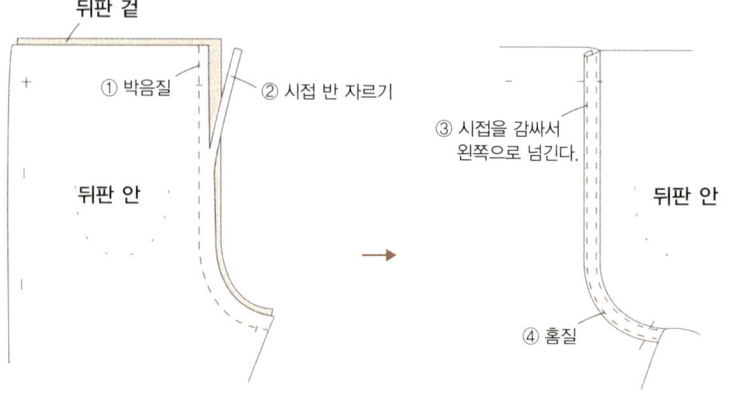

뒤판 겉

① 박음질

② 시접 반 자르기

뒤판 안

③ 시접을 감싸서
왼쪽으로 넘긴다.

뒤판 안

④ 홈질

4 옆선과 가랑이를 쌈솔로 바느질한다.

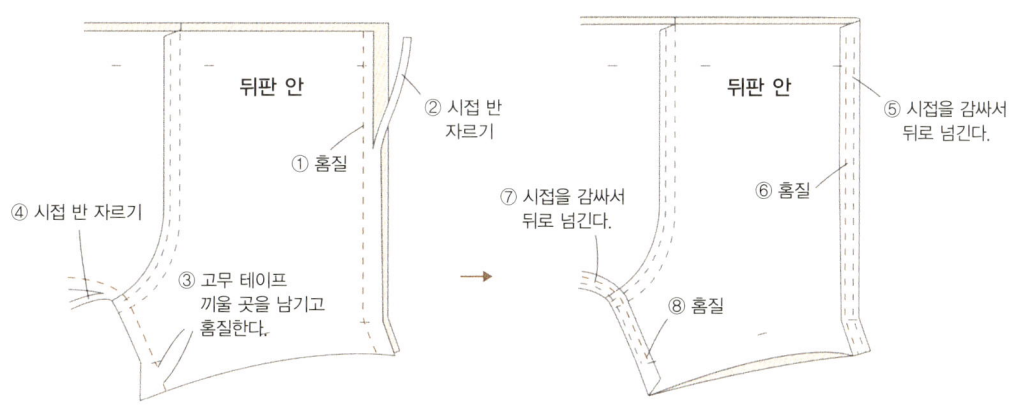

뒤판 안

② 시접 반 자르기

① 홈질

④ 시접 반 자르기

③ 고무 테이프 끼울 곳을 남기고 홈질한다.

뒤판 안

⑤ 시접을 감싸서 뒤로 넘긴다.

⑥ 홈질

⑦ 시접을 감싸서 뒤로 넘긴다.

⑧ 홈질

5 허리선을 바느질한다.

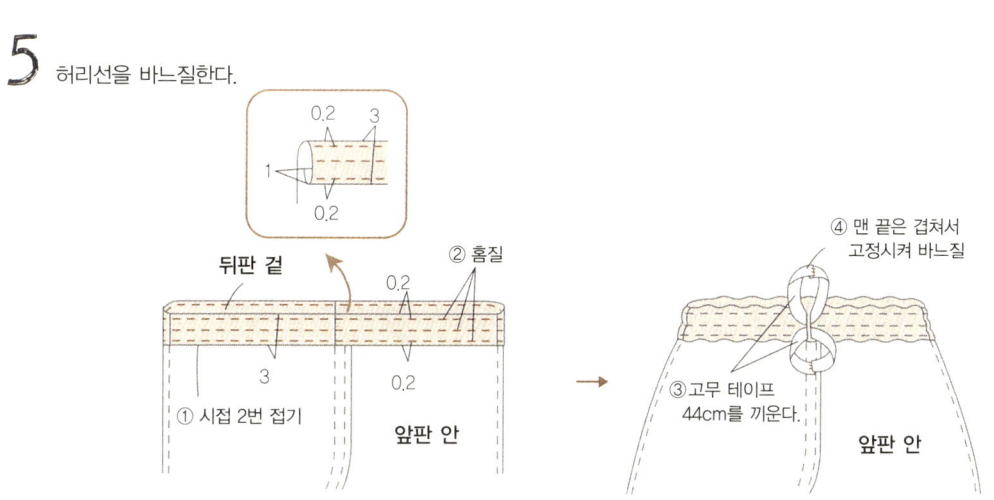

0.2 3
1
0.2

뒤판 겉

② 홈질

0.2

3

0.2

① 시접 2번 접기

앞판 안

④ 맨 끝은 겹쳐서 고정시켜 바느질

③ 고무 테이프 44cm를 끼운다.

앞판 안

6 바지 밑단을 바느질한다.

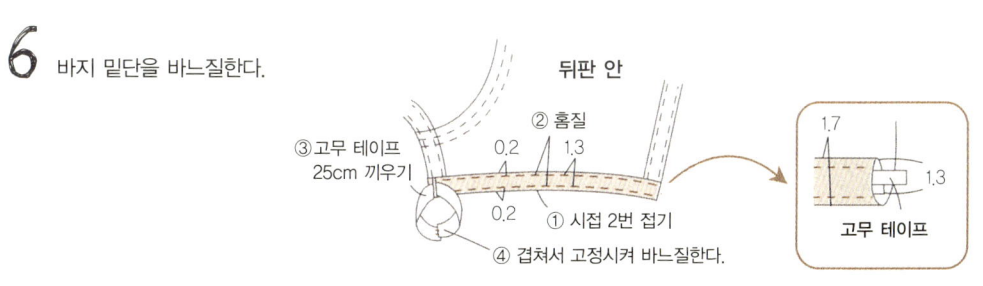

뒤판 안

③ 고무 테이프 25cm 끼우기

② 홈질

0.2 1.3

0.2

① 시접 2번 접기

④ 겹쳐서 고정시켜 바느질한다.

1.7

1.3

고무 테이프

곰돌이 멜빵 바지,
모자 & 쬠쬠이 곰 인형

오가닉 코튼 코듀로이로 만든

곰돌이 멜빵 바지는 아장아장 걷기 시작하는

아이에게 안성맞춤인 디자인입니다.

엉덩이에는 귀여운 곰돌이 꼬리도 달았습니다.

햇볕이나 바람을 막아 주는 오가닉 코튼 파일로 만든

모자도 곰돌이 귀가 달려 있어 사랑스럽습니다.

아기가 손에 쥐기 쉬운 곰돌이 쬠쬠이는

언제나 함께 하는 친구가 되어 줄 것입니다.

121

곰돌이 멜빵 바지

코듀로이

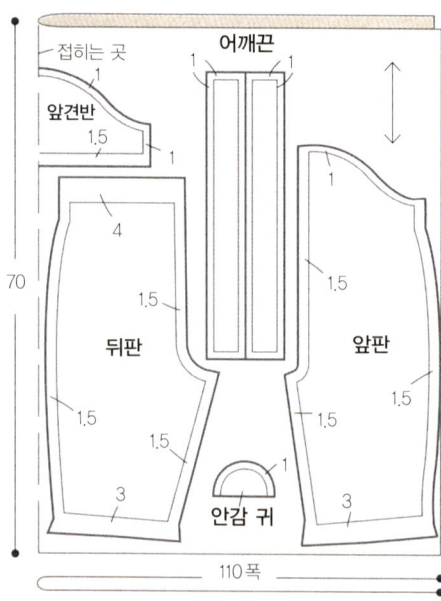

접히는 곳
어깨끈
앞견반
뒤판
앞판
안감 귀

70
110 폭

흰색 파일 천

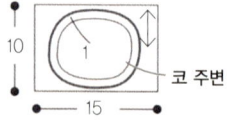

10
15
코 주변

베이지색 파일 천

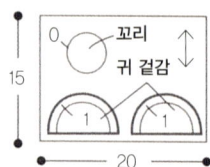

꼬리
귀 겉감
15
20

곰돌이 멜빵 바지 재료

오가닉 코튼 코듀로이(110cm 폭) 70cm
오가닉 코튼 파일 천(베이지색) 15×20cm
오가닉 코튼 파일 천(흰색) 10×15cm
물방울 무늬 천 약간
접착심 15×30cm
그로그램 리본(1cm 폭) 10cm
고무 테이프(1cm 폭) 40cm
줄 스냅 단추 50cm, 우드 비즈 2개, 솜
갈색, 연갈색 25번 자수실
베이지색, 흰색 손바느질용 실

곰돌이 멜빵 바지 재단하기

단위 cm
수치의 시접을 포함해서 재단한다.

부록 실물 옷본 B면

곰돌이 멜빵 바지 바느질 순서

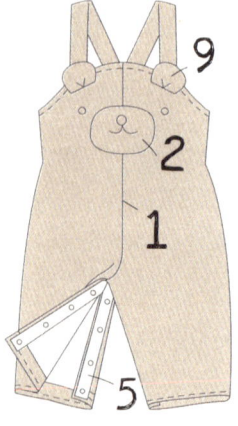
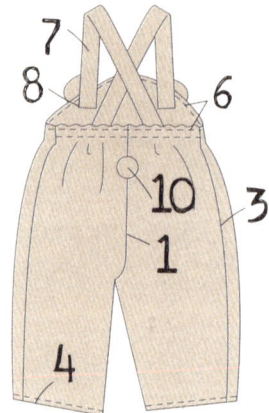

1 앞중심, 뒤중심을 통솔로 바느질한다.

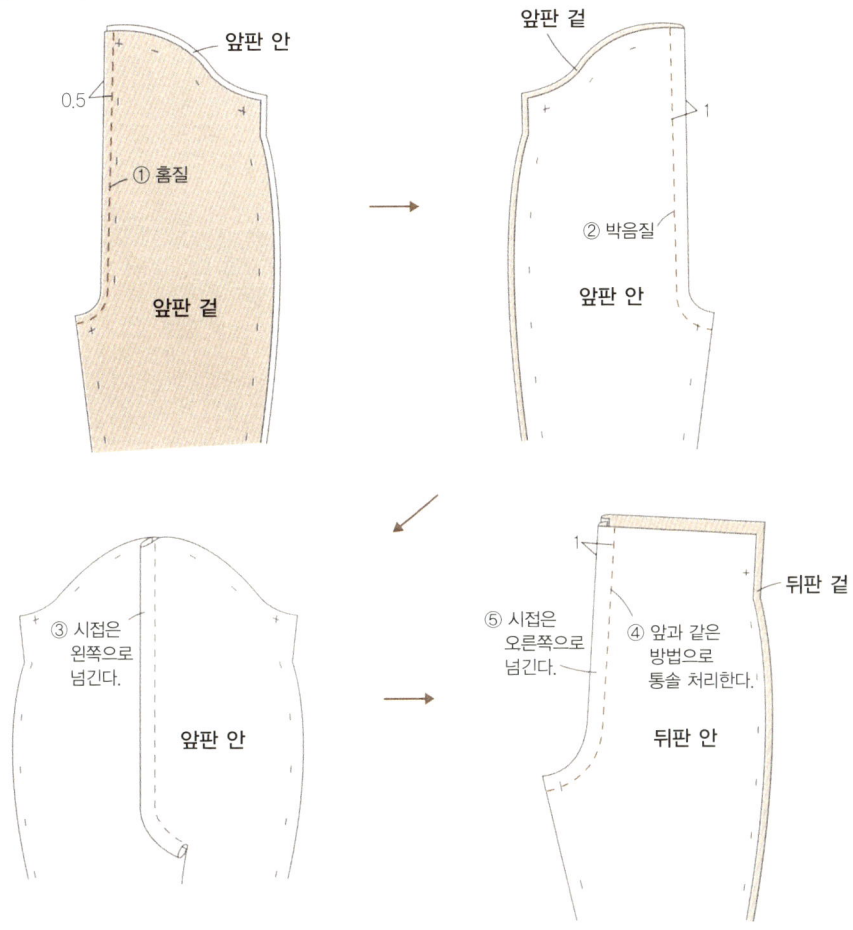

앞판 안

0.5

① 홈질

앞판 겉

앞판 겉

1

② 박음질

앞판 안

③ 시접은
왼쪽으로
넘긴다.

앞판 안

1

⑤ 시접은
오른쪽으로
넘긴다.

④ 앞과 같은
방법으로
통솔 처리한다.

뒤판 겉

뒤판 안

2 코 주변과 코를 붙인다.

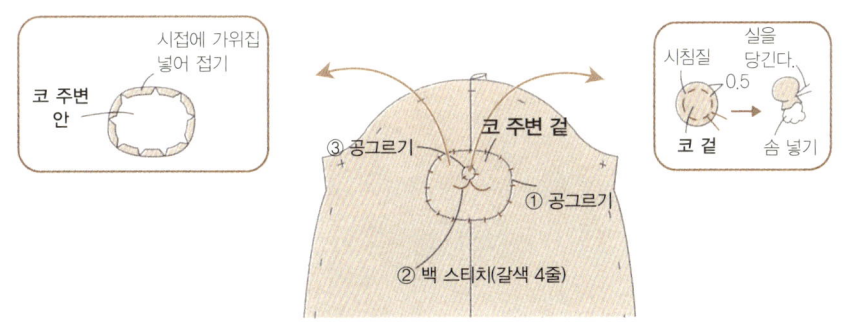

시접에 가위집
넣어 접기

코 주변
안

코 주변 겉

③ 공그르기

① 공그르기

② 백 스티치(갈색 4줄)

시침질

실을
당긴다.

0.5

코 겉

솜 넣기

3 옆선을 통솔로 바느질한다.

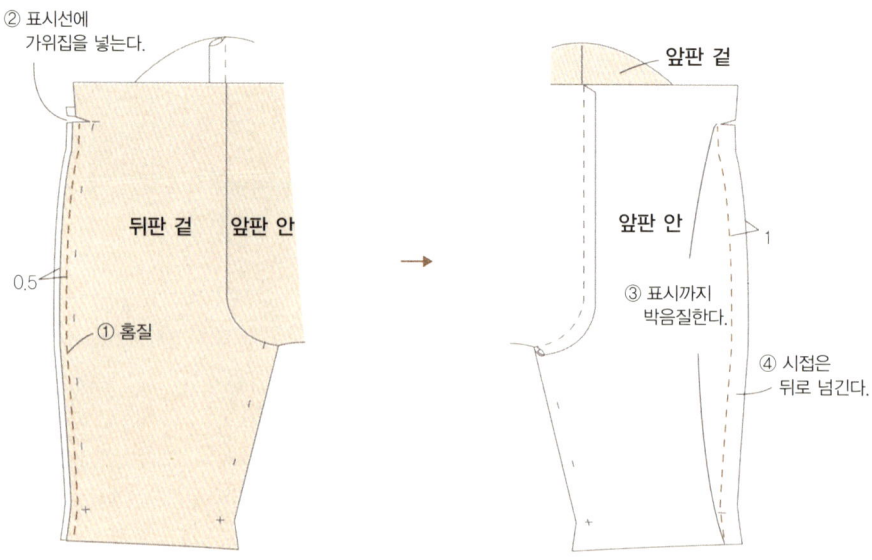

② 표시선에
가위집을 넣는다.

뒤판 겉　앞판 안

0.5

① 홈질

앞판 겉

앞판 안

1

③ 표시까지
박음질한다.

④ 시접은
뒤로 넘긴다.

4 바지 밑단을 바느질한다.

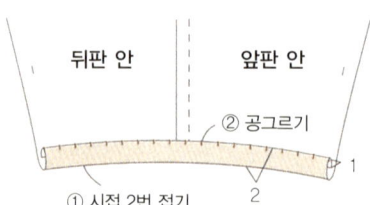

뒤판 안　앞판 안

② 공그르기

1

① 시접 2번 접기

2

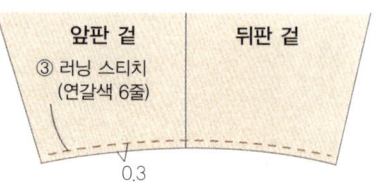

앞판 겉　뒤판 겉

③ 러닝 스티치
(연갈색 6줄)

0.3

5 가랑이 부분에 줄 스냅 단추를 단다.

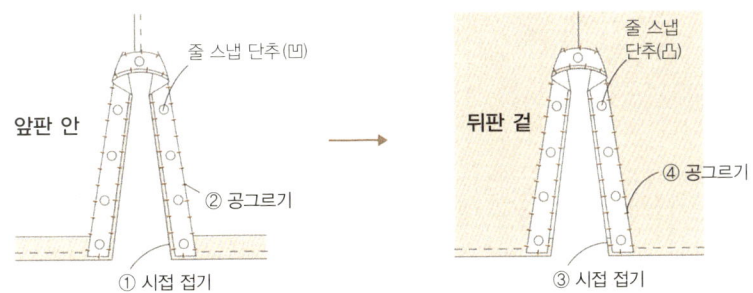

줄 스냅 단추(凹)

앞판 안

② 공그르기

① 시접 접기

줄 스냅 단추(凸)

뒤판 겉

④ 공그르기

③ 시접 접기

6 앞 견반을 달고 뒷단을 정리한다.

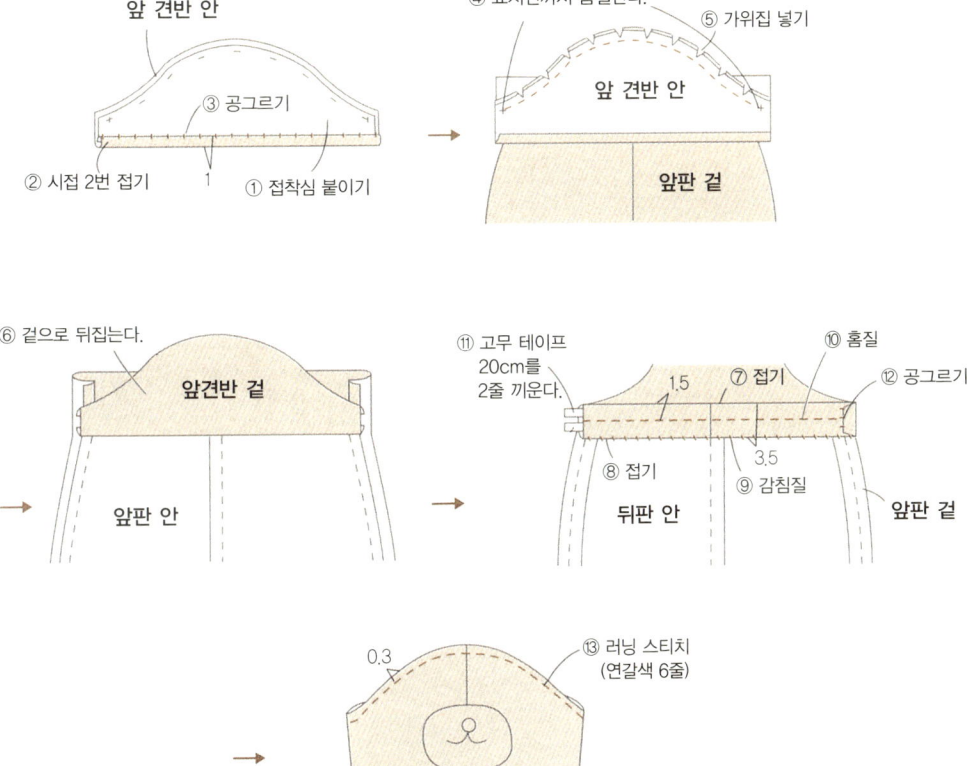

앞 견반 안

③ 공그르기

② 시접 2번 접기

① 접착심 붙이기

④ 표시선까지 홈질한다.

⑤ 가위집 넣기

앞 견반 안

앞판 겉

⑥ 겉으로 뒤집는다.

앞견반 겉

앞판 안

⑪ 고무 테이프 20cm를 2줄 끼운다.

⑩ 홈질

⑦ 접기

⑫ 공그르기

⑧ 접기

⑨ 감침질

뒤판 안

앞판 겉

0.3

⑬ 러닝 스티치 (연갈색 6줄)

7

어깨끈을 만들어 단다.

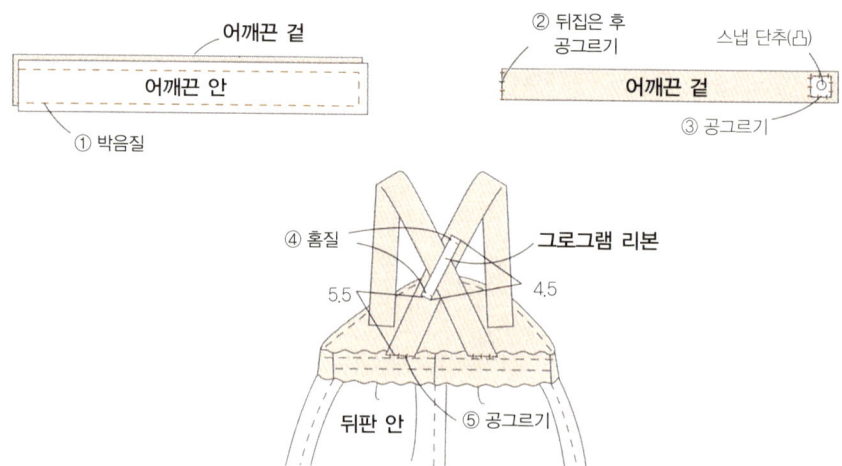

어깨끈 겉
어깨끈 안
① 박음질

② 뒤집은 후 공그르기
스냅 단추(凸)
어깨끈 겉
③ 공그르기

④ 홈질
그로그램 리본
5.5
4.5
뒤판 안
⑤ 공그르기

8

앞 견반에 스냅 단추를 단다.

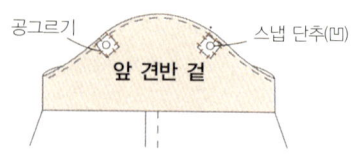

공그르기
스냅 단추(凹)
앞 견반 겉

9

곰돌이 귀를 단다.

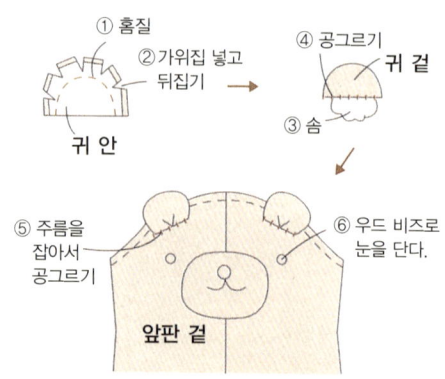

① 홈질
② 가위집 넣고 뒤집기
④ 공그르기
귀 겉
③ 솜
귀 안
⑤ 주름을 잡아서 공그르기
⑥ 우드 비즈로 눈을 단다.
앞판 겉

10

엉덩이에 꼬리를 단다.

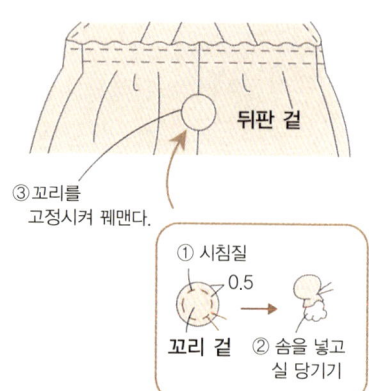

뒤판 겉
③ 꼬리를 고정시켜 꿰맨다.
① 시침질
0.5
꼬리 겉
② 솜을 넣고 실 당기기

How to make

곰돌이 모자

🟤 **곰돌이 모자 재단하기**

단위 cm
수치의 시접을 포함해서 재단한다.

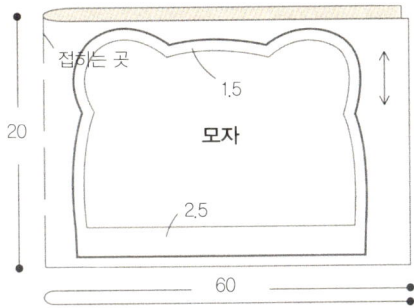

🟤 **곰돌이 모자 재료**

오가닉 코튼 파일 천(베이지색) 20×60cm
고무 테이프(1cm 폭) 40cm
베이지색 손바느질용 실

🟤 **부록** 실물 옷본 B면

🟤 **곰돌이 모자 바느질 순서**

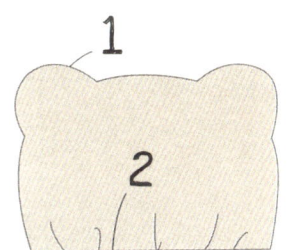

1 주변을 홈질한 후 뒤집어서 통솔로 바느질한다.

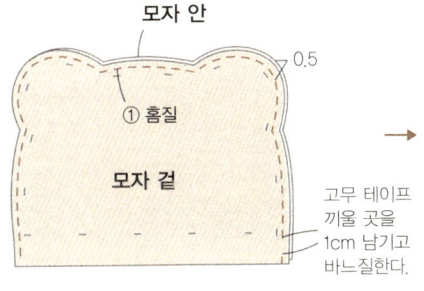

모자 안

① 홈질

모자 겉

0.5

고무 테이프 끼울 곳을 1cm 남기고 바느질한다.

② 박음질

모자 안

고무 테이프 끼울 곳을 1cm 남기고 바느질한다.

2 밑자락을 바느질한 후 고무 테이프를 끼운다.

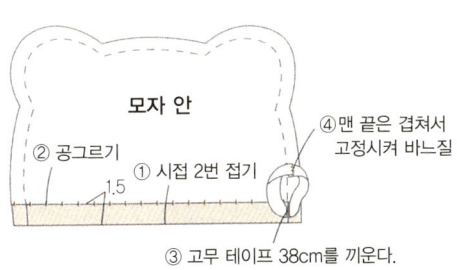

모자 안

② 공그르기

① 시접 2번 접기

1.5

④ 맨 끝은 겹쳐서 고정시켜 바느질

③ 고무 테이프 38cm를 끼운다.

How to make

쬠쬠이 곰 인형

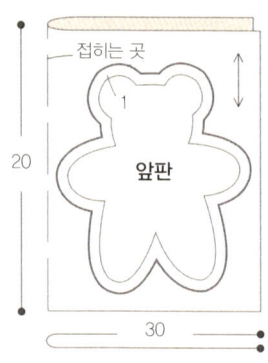

쬠쬠이 곰 인형 재료

오가닉 코튼 파일 천(베이지색) 20×30cm
오가닉 코튼 파일 천(무지), 물방울 무늬 천 각각 조금씩
리본(1cm 폭) 20cm, 플라스틱 방울 1개, 솜
갈색 25번 자수실, 베이지색, 흰색 손바느질용 실

쬠쬠이 곰 인형 재단하기

단위 cm
수치의 시접을 포함해서 재단한다.
코는 0.5cm, 코 주변은 1cm의 시접을 넣어 재단한다.

부록 실물 옷본 B면

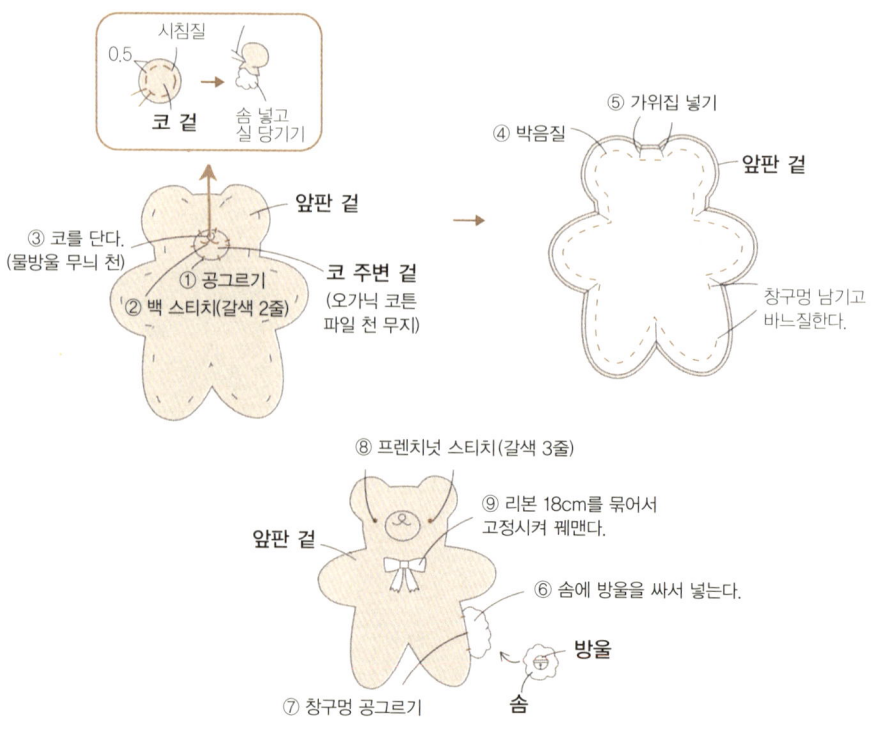